小学6年分の算数が一瞬でわかる塾テク200

粟根秀史

一瞬でわかる

塾テク200

明日香出版社

はじめに

　本書は，進学塾や小学校で30年以上にわたって算数を教えてきた教師が，算数の解法パターンを，200の「塾テク（塾で習う解法のテクニック）」に分類し，1冊にまとめたものです。
　基本的な解法の「道具」がそろっていなければ，それらを組み合わせたり，発展させたりしている問題は解けません。

　持ち運びに便利なコンパクトなサイズですが，受験算数の基本が1冊の中にすべて詰まったハンドブックです。
　最速で解ける「塾テク」を使って，小学校で習った算数から中学入試レベルの算数を復習できます。

　忙しい方でも，苦手な問題の克服と忘れていたパターンのチェックを，本書ではスムーズに行うことができます。
　入試直前の中学受験生はもちろん，大人のやり直しにも使える本になっています。

　短時間で，効率よく学習することができるように，次のような構成になっており，1→2→3の順に「ひと目で確認」することができます。

- 1.〈塾テク〉………その問題を解くための独特の手法と発想
- 2.〈チェック問題〉「これだけは絶対に解けるようにしたい」という問題を厳選
- 3.〈解説〉…………「塾テク」を使った簡潔でわかりやすい解き方

　1～3をセットにして，キーワードやイメージが頭に焼きつくまでくり返しチェックしましょう。

本書の使い方

1 塾テクで解き方を理解する

塾テク 004　2量のつるかめ算 ─── 学習する項目の名前

わかりやすい場合を仮定して考えよう！
「もし全部……なら」と一方に仮定して，1つずつ交換する
↓
仮定しなかった方の量が最初に求められる

一番速く問題を解くための公式やテクニック！

2 チェック問題を解く

チェック問題　□□□（　　）

難易度：★★
目安時間：2分

90円のえんぴつと110円のボールペンを合わせて25本買って3000円支払ったところ，おつりが470円でした。えんぴつを何本買いましたか。

復習したら，☑チェックしよう。最速タイムは，カッコ内にメモしておこう！

★1つ→かなり易しい　★2つ→易しい
★3つ→標準レベル　★4つ→難しい
★5つ→かなり難しい
の5段階です。
かかれている目安時間内に解けるまで，くり返しチャレンジしよう！

3 解説を見て，答え合わせをする

解説

おつりを除くと，3000 − 470 = 2530（円）
もし，25本全部110円のボールペンだと仮定すると，実際より
110 × 25 − 2530 = 220（円）
高くなる。ここから，ボールペン1本をえんぴつ1本と交換するごとに，代金の合計は，110 − 90 = 20（円）ずつ安くなるから，求めるえんぴつの本数は，
220 ÷ 20 = <u>11（本）</u>

考え方や図のかき方は，
解説を見て参考にしよう！

1つの式で求めることができるようにしておきましょう。
(110 × 25 − 2530) ÷ (110 − 90) = <u>11（本）</u>

覚えておくとお得なワンポイントも参考に！

もくじ

はじめに
本書の使い方

1章　和や差の問題

塾テク001　和と差がわかればもとの数がわかる!（和差算）……………… 14
塾テク002　「和や差」と「倍」の関係を,線分図にしよう!（分配算）………… 15
塾テク003　全員が平等に払うには?（やりとり算）……………………… 16
塾テク004　わかりやすい場合を仮定して考えよう!（2量のつるかめ算）……… 17
塾テク005　「こわさなかった」と仮定しよう!（弁償算）………………… 18
塾テク006　平均は,面積図をかいて考えよう!（平均算）………………… 19
塾テク007　種類が3つでてきたら,2つにかえよう!（3量のつるかめ算）……… 20
塾テク008　1つ見つけたら,残りはいもづる式に見つかる!
　　　　　（条件不足のつるかめ算）……………………………………… 21
塾テク009　「1人分の差」が集まって「全体の差」になる!（過不足算-基本-）…22
塾テク010　長いすに座らせる問題は,範囲をおさえよう!（過不足算-応用-）…23
塾テク011　□を使った式と線分図のあわせワザ!（差集め算）……………… 24
塾テク012　代金が高くなってるか,安くなってるか考える!（とりちがえ算）…… 25
塾テク013　片方の量をそろえて消そう!（消去算-基本-）………………… 26
塾テク014　組み合わせを,表で整理しよう!（消去算-2数の和-）…………… 27
塾テク015　もう片方におきかえて,消そう!（代入算）…………………… 28
塾テク016　ベン図は,重なりに注意しよう!（集合算）…………………… 29
塾テク017　ライバルにギリギリで勝て!（当選確実票）………………… 30

2章　割合と比の問題

塾テク018	割合とはすべて「○○倍」!(割合の基本知識)・・・・・・・・・・・・・・・・・・・・・32
塾テク019	「何がもとになっているか」に注意しよう!(相当算-線分図-)・・・・・・33
塾テク020	2つ以上の割合を1つにまとめよう!(相当算-割合の積-)・・・・・・・・34
塾テク021	流れ図に整理して,最後からもどしていこう!(相当算-やりとり-)・・35
塾テク022	求めたい単位でわろう!(単位あたりの量)・・・・・・・・・・・・・・・・・・・・・・・・36
塾テク023	外側どうしと内側どうしをかけた数は同じになる!(比例式)・・・・・37
塾テク024	比を1つにまとめよう!(連比)・・・・・・・・・・・・・・・・・・・・・・・・・・・・・・・・・・・・・38
塾テク025	2つの積が等しいときは,反対にするだけ!(逆比の利用)・・・・・・・・・・39
塾テク026	和と差と比のどれか2つがわかればよい!(比と和・差)・・・・・・・・・・・40
塾テク027	おもりの重さと,バネののびは比例する!(バネののび)・・・・・・・・・・・41
塾テク028	歯の数が多いと,回転数は少なくなる!(かみ合っている歯車)・・・・・42
塾テク029	針のズレを図形にしよう!(時計の進みとおくれ)・・・・・・・・・・・・・・・・・43
塾テク030	何回追加したかに注意しよう!(階段グラフ)・・・・・・・・・・・・・・・・・・・・・・44
塾テク031	食塩水の公式を使いこなそう!(濃度算-基本-)・・・・・・・・・・・・・・・・・・・45
塾テク032	変わらないものを見つけよう!(濃度算-何かが一定のとき-)・・・・・・・・46
塾テク033	重さがわからないなら,面積図で考える!(濃度算-面積図-)・・・・・・・47
塾テク034	食塩水の入れかえは,食塩を追え!(濃度算-やりとり-)・・・・・・・・・・・48
塾テク035	言葉の意味を正確にとらえよう!(損益算-基本-)・・・・・・・・・・・・・・・・・49
塾テク036	仕入れ値を①と仮定しよう!(損益算-相当算の利用-)・・・・・・・・・・・・・50
塾テク037	総利益は1つの公式で求められる!(損益算-総利益の求め方-)・・・・51
塾テク038	一定なものの比をそろえよう!(倍数算)・・・・・・・・・・・・・・・・・・・・・・・・・52
塾テク039	比を○で囲んで,比例式を作ろう!(倍数変化算)・・・・・・・・・・・・・・・・・53
塾テク040	年齢の差に着目して考えよう!(年令算-基本-)・・・・・・・・・・・・・・・・・・・54
塾テク041	流れ図と①のあわせワザで考えよう!(年令算-過去,現在,未来-)・・55
塾テク042	都合のよい状況を作ろう!(仕事算)・・・・・・・・・・・・・・・・・・・・・・・・・・・・・・56
塾テク043	単位を自分で設定してしまおう!(のべ算)・・・・・・・・・・・・・・・・・・・・・・・57
塾テク044	水そうから実際に減る量を考えよう!(ニュートン算-基本)・・・・・・・58
塾テク045	①を使って水量の線分図をかこう!(ニュートン算-量の差に着目)・・59

3章　速さの問題

塾テク046　線分図1つで解ける!(速さの公式) ･････････････････････････････････ 62
塾テク047　グラフから状況を読み取ろう!(速さのグラフ) ･･････････････････････ 63
塾テク048　平均の速さも「きょり÷時間」で求めよう!(往復の平均の速さ) ････ 64
塾テク049　「速さの和」や「速さの差」を利用しよう!
　　　　　　(旅人算-出会い・追いつき-) ･････････････････････････････････････ 65
塾テク050　出会いは「和が1周」,追いつきは「差が1周」
　　　　　　(円周上の旅人算) ･･･ 66
塾テク051　場面ごとに分けて,2人ずつで考えよう!(3人の旅人算) ･･････････ 67
塾テク052　比を使って,状況を線分図にかこう!
　　　　　　(速さと比-速さや時間が一定-) ･･････････････････････････････････ 68
塾テク053　きょりが同じなら,速さと時間の比は逆になる!
　　　　　　(速さと比-きょり一定-) ･･ 69
塾テク054　歩はば(1歩の長さ)を基準にしよう!(歩数と歩はば) ････････････ 70
塾テク055　2人が進んだきょりの「和」や「差」に着目!(往復の旅人算) ･･･････ 71
塾テク056　きょり間かくも「最小公倍数」で解ける!(列車の間かく) ･･････････ 72
塾テク057　図形で考えると計算が楽!(ダイヤグラムと相似) ･･･････････････ 73
塾テク058　曲がり角を見落とすな!(点の移動とグラフ) ･･････････････････････ 74
塾テク059　同時通過も「最小公倍数」で解ける!(2点の移動-同時に通過-) ･･ 75
塾テク060　2点が進んだ長さの「和」や「差」に着目!
　　　　　　(2点の移動-旅人算の利用-) ･･･････････････････････････････････ 76
塾テク061　円周上をまわるときは,角度で考える!(2点の移動-円周上-) ･････ 77
塾テク062　時計は,長針と短針の旅人算!(時計算-両針の作る角度-) ･･･････ 78
塾テク063　「○○時ちょうど」の時刻から考えよう!(時計算-時刻を求める-) ･･ 79
塾テク064　短針が動いた角を,反対に移動させよう!
　　　　　　(時計算-針の位置が線対称-) ･･････････････････････････････････ 80
塾テク065　先頭や最後尾の1点の動きに着目しよう!(通過算-基本-) ･･････ 81
塾テク066　通過の比較は状況を図にかこう!(通過算-通過の比較-) ･････････ 82
塾テク067　列車の長さの和が,きょりになる!(列車のすれちがいと追いこし) ･･ 83
塾テク068　「速さ」の線分図をかいて考えよう!(流水算-基本-) ･･････････････ 84
塾テク069　「逆比」と「線分図」のあわせワザ!(流水算-比の利用-) ････････････ 85
塾テク070　「進んだ段数=進んだきょり」と読みかえよう!
　　　　　　(エスカレーターの問題) ･･･････････････････････････････････････ 86

4章　数の性質の問題

塾テク071　順序を変えて、計算しやすくしよう！（計算の工夫） ………………… 88
塾テク072　逆算のルールを覚えよう！（□にあてはまる数） ………………… 89
塾テク073　共通の数でくくると計算が楽！（分配法則の利用） ………………… 90
塾テク074　6つの「小数→分数」を覚えると速くなる！（小数・分数の積と商） ‥ 91
塾テク075　差に分けて打ち消し合う計算の公式を覚えよう！（簡便法） …… 92
塾テク076　四捨五入する前の数は？（数の範囲） ………………………………… 93
塾テク077　整数をトコトン分解しよう！（素数と素因数分解） ………………… 94
塾テク078　すだれ算で、共通してわれる数を探そう！（公約数・公倍数） …… 95
塾テク079　わり切れる数をかきだそう！（約数の個数） ………………………… 96
塾テク080　まずは、1からの範囲にある個数を考えよう！（倍数の個数） …… 97
塾テク081　2種類の倍数は、ベン図をかこう！（倍数の組み合わせ） ………… 98
塾テク082　何の倍数か一瞬でわかる方法を覚えよう！（倍数判定法） ……… 99
塾テク083　わる数は、あまりよりも大きいことを忘れずに！
　　　　　　（わり算とあまり-基本-） ……………………………………………… 100
塾テク084　あまりがわからない場合は、線分図を使おう！
　　　　　　（わり算とあまり-応用-） ……………………………………………… 101
塾テク085　わり算のあまりは加えて、不足はひく！
　　　　　　（わり算とあまり-あまりが同じ-） …………………………………… 102
塾テク086　わり算のあまりも不足もちがうときは？
　　　　　　（わり算とあまり-あまりがちがう-） ………………………………… 103
塾テク087　すだれ算で条件を整理して、もとの2数を求める！
　　　　　　（すだれ算-応用-） …………………………………………………… 104
塾テク088　「分数×分数＝整数」になる一番小さい分数は？
　　　　　　（公約数・公倍数-応用-） ……………………………………………… 105
塾テク089　分母または分子をそろえよう！（間の分数） ……………………… 106
塾テク090　ペアを作って、かきだそう！（既約分数の和） ……………………… 107
塾テク091　もとの小数を①として考えよう！（小数点移動） ………………… 108
塾テク092　なるべく大きな単位分数をひいていこう！（単位分数の和） …… 109
塾テク093　「かけた回数」が「わり切れる回数」になる！（連続する整数の積）　110
塾テク094　規則性のある小数は、簡単に分数に直せる！（循環小数→分数）　111

5章　規則性の問題

塾テク095　「木の数」と「間の数」の関係に注意しよう!(植木算)・・・・・・　114
塾テク096　「くり返し」を見つけて区切ろう!(周期算) ・・・・・・・・・・・・・・・　115
塾テク097　「くり返し」が出てくるまで計算してみよう!(分数→循環小数)・・　116
塾テク098　「西向く士(さむらい),小の月」と覚えよう!(日暦算) ・・・・・・・・　117
塾テク099　数列の規則を探そう!(数列-基本-) ・・・・・・・・・・・・・・・・・・・・・　118
塾テク100　最も有名な数列の公式を覚えよう!(等差数列) ・・・・・・・・・・・・・　119
塾テク101　「分母だけ」「分子だけ」に着目してみる!(分数列) ・・・・・・・・・・　120
塾テク102　区切りを入れて,組み分けしよう!(群数列) ・・・・・・・・・・・・・・・　121
塾テク103　かきだすと,規則がみえてくる!(わり切れない数の列) ・・・・・・・　122
塾テク104　「電球の点めつ」も最小公倍数で求めよう!(周期の組み合わせ)　123
塾テク105　ボーリングのピンの並びは,三角数!(有名な数-三角数-) ・・・・・・　124
塾テク106　奇数列の和は四角数(平方数)!(有名な数-四角数-) ・・・・・・・・・・　125
塾テク107　三角数を見つけて,たどって考える!(数表-三角形状に並べる-)・・　126
塾テク108　四角数を見つけて,たどって考える!(数表-正方形状に並べる-)・・　127
塾テク109　規則性をオセロの図にしよう!(おまけの問題) ・・・・・・・・・・・・・　128
塾テク110　4つのブロックに分けよう!(方陣算-ご石並べ-) ・・・・・・・・・・・・　129
塾テク111　五角形のご石並べも区切ると簡単!(図形の規則性-ご石並べ-)　130
塾テク112　棒は全部で何本必要?(図形の規則性-棒並べ-) ・・・・・・・・・・・・・　131
塾テク113　「N進数⇄10進数」の計算法は?(N進数) ・・・・・・・・・・・・・・・・・・　132

6章　場合の数の問題

塾テク114　何通りあるかは,かけ算の式で求められる!(積の法則) ・・・・・・・・　134
塾テク115　一番大きな位には,0は使えない!(カードの並べ方-異なる数字-)　135
塾テク116　樹形図をかいて,パターンを調べよう!(カードの並べ方-同じ数字-)　136
塾テク117　「かき込み方式」で道順を調べあげよう!(ごばんの目の道順)・・・・　137
塾テク118　2でわって,ダブリをなくす!(組み合わせ-2個を選ぶ-) ・・・・・・・・・・・　138
塾テク119　6でわって,ダブリをなくす!(組み合わせ-3個を選ぶ-) ・・・・・・・・・・・　139
塾テク120　選ばれない方を数えよう!(数え方の工夫) ・・・・・・・・・・・・・・・・　140
塾テク121　それぞれの位の数をたすと,3の倍数になる!
　　　　　　(カードの並べ方-3の倍数-)・・・・・・・・・・・・・・・・・・・・・・・・・・・・・・　141
塾テク122　下2けたが,00か4の倍数になる!(カードの並べ方-4の倍数-) ・・・・　142

塾テク123 図形をモレなくダブリなく数えるには？（図形の個数）............ 143

7章　平面図形の問題

塾テク124 多角形に関する公式を覚えよう！（多角形）.................... 146
塾テク125 三角形のルールを覚えよう！（三角形の外角定理） 147
塾テク126 弧の上の特別な点は中心と結ぶ！（おうぎ形の折り返し）....... 148
塾テク127 弧になる部分をはっきりさせよう！（円のまわりのひもの長さ）...... 149
塾テク128 2通りの求め方を使いこなそう！（おうぎ形の面積）........... 150
塾テク129 3.14をかけるのは，一番最後！（3.14の計算）................ 151
塾テク130 区切ってたそう！（面積-台形-）............................ 152
塾テク131 囲んでひこう！（面積-おうぎ形-）.......................... 153
塾テク132 半円の組み合わせは，切って移動させる！（面積-等積移動-）..... 154
塾テク133 三角形の面積を変えずに形を変えよう！（面積-等積変形-）..... 155
塾テク134 底辺と高さから求める！（面積-直角二等辺三角形-）........... 156
塾テク135 30度定規を使いこなそう！（面積-30度問題-）................ 157
塾テク136 いも型は，割合で一瞬でわかる！（面積-いも型-）............. 158
塾テク137 正方形とおうぎ形の面積の差に着目しよう！（面積-おうぎ形-）.. 159
塾テク138 「半径×半径」を求めよう！（面積-半径がわからない円-）..... 160
塾テク139 「つけたし」思考を使おう！（面積-等しい-）................. 161
塾テク140 面積の差も，「つけたし」思考で！（面積-差-）................ 162
塾テク141 「たしひき」思考を使おう！（面積-応用-）................... 163
塾テク142 切って，はりかえて，まとめる！（面積の和-はなれた図形-）... 164
塾テク143 対角線で区切って，同じマークをつけよう！
　　　　　（長方形の半分-対角線-）................................... 165
塾テク144 長方形の半分の面積と同じ！
　　　　　（長方形の半分-向かい合う三角形-）......................... 166
塾テク145 「底辺比＝面積比」になる！（等高三角形-基本-）............. 167
塾テク146 台形にも等高三角形が隠れている！（等高三角形-逆向き-）..... 168
塾テク147 等高三角形を見つけだそう！（等高三角形-折れ線分割-）....... 169
塾テク148 「対称軸」を「補助線」にしよう！（直角三角形の重なり）..... 170

塾テク149	底辺と高さの比がわかれば,面積の比が求まる!(2辺の比と面積比)	171
塾テク150	高さの比をななめに読み取ろう!(底辺共通の三角形-基本-)	172
塾テク151	ひこうき型も,高さの比を探そう!(底辺共通の三角形-応用-)	173
塾テク152	「面積の単位」を覚えよう!(単位の換算-面積-)	174
塾テク153	分数計算にして,約分を利用しよう!(縮尺)	175
塾テク154	平行線に相似あり!(相似形-ピラミッド型-)	176
塾テク155	「対応する辺」を正確に見つけよう!(相似形-クロス型-)	177
塾テク156	延長線をひいて,クロス形を作ろう!(相似形-ダブルクロス-)	178
塾テク157	直角三角形にも,相似がかくれている!(相似形-直角三角形-)	179
塾テク158	1つの辺に比を集めよう!(相似形-三角形の中の正方形-)	180
塾テク159	相似比を2回かけたら,面積比になる!(相似形-相似比と面積比-)	181
塾テク160	台形を4分割にしよう!(台形と面積比)	182
塾テク161	相似な直角三角形を見つけよう!(折り返しと相似)	183
塾テク162	棒と影の長さの比に着目しよう!(太陽光による影)	184
塾テク163	地面にきょりの比をかこう!(電灯光による影-人の影-)	185
塾テク164	へいの影は,2方向から見た図をかく!(電灯光による影-へいの影-)	186
塾テク165	等分割の4パターンを覚えよう!(正六角形の分割)	187
塾テク166	半径の変化に注意して図をかこう!(糸の巻きつけ)	188
塾テク167	細かいところまで,ていねいに調べよう!(平行移動)	189
塾テク168	同じ図形を探して,たしひきで求める!(回転移動-半円回転-)	190
塾テク169	同じ面積を探して,移動させて求める!(回転移動-直角三角形回転-)	191
塾テク170	回転させた弧の図をかいて求めよう!(長方形の転がり)	192
塾テク171	それぞれの回転角をまとめて求めよう!(正三角形の転がり)	193
塾テク172	作図なしで求められる!(円の転がり-外側を1周-)	194
塾テク173	円が通らなかった面積を計算しよう!(円の転がり-内側を1周-)	195
塾テク174	「図」と「式」をパターン化しよう!(おうぎ形の転がり)	196
塾テク175	1をたしたり,1をひいたりしよう!(円の回転数)	197
塾テク176	逆の順に図をかこう!(紙を折ったあと広げる)	198

8章　立体図形の問題

塾テク177　柱体の体積・表面積の公式を覚えよう!(円柱) ………………… 200
塾テク178　すい体の体積の公式を覚えよう!(すい体の体積) ……………… 201
塾テク179　円すいの側面に関する公式を覚えよう!(円すいの側面) ……… 202
塾テク180　円柱や直方体のななめ切断はもとにもどそう!(ななめ切断) ‥ 203
塾テク181　まわりから除くか,分割しよう!(複合図形の体積) …………… 204
塾テク182　見えない面も忘れずに!(複合図形の表面積) …………………… 205
塾テク183　立方体を切り開いてみよう!(展開図-立方体-) ………………… 206
塾テク184　柱体を組み立てよう!(展開図-柱体-) …………………………… 207
塾テク185　展開図が,正方形になる!(展開図-三角すい-) ………………… 208
塾テク186　立体に巻きつけた糸は,展開図では直線になる!(展開図-糸-) 209
塾テク187　キューブを分けて考えよう!(立方体のくりぬき) …………… 210
塾テク188　積み木の個数を数えよう!(投影図) …………………………… 211
塾テク189　各段で分割して,色をぬっていこう!(立体の色ぬり) ……… 212
塾テク190　相似比を3回かけたら,体積比になる!
　　　　　　(相似な立体-相似比と体積比-) ………………………………… 213
塾テク191　「円すい」にもどそう!(相似な立体-円すい台-) ……………… 214
塾テク192　図をかいて,形を見ぬこう!(回転体) ………………………… 215
塾テク193　平行線をかこう!(立方体の切り口-基本-) …………………… 216
塾テク194　延長線をかこう!(立方体の切り口-延長線-) ………………… 217
塾テク195　「体積・容積の単位」を覚えよう!(単位の換算-体積-) ……… 218
塾テク196　正面から見よう!(容器のかたむけ) …………………………… 219
塾テク197　正面で切り取って考えよう!(水そうにおもりを入れる) …… 220
塾テク198　底面積の変化に注意!(水そうに棒を立てる) ………………… 221
塾テク199　段差がある部分で,区切って計算しよう!
　　　　　　(水の量のグラフ-底面積-) …………………………………… 222
塾テク200　時間と体積の比は,同じになる!(水の量のグラフ-しきり板-) …… 223

カバーデザイン／西垂水敦（ｋｒｒａｎ）
カバーイラスト／末吉喜美
執筆協力／私立さとえ学園小学校教諭　山口雄哉

1章
和や差の問題

塾テク 001 和差算

和と差がわかればもとの数がわかる！

㋐ 2つの量の和差算では，公式を使う

| 大きい数＝（和＋差）÷2 |　| 小さい数＝（和－差）÷2 |

㋑ 3つの量の和差算では，線分図をかき，1つの長さにそろえる

チェック問題 □□□（　　　）

難易度：★
目安時間：3分

（1） A君とB君の得点の合計は128点で，A君はB君より14点高いそうです。A君の得点は何点ですか。

（2） A，B，C3つの整数があり，AはBより3小さく，BはCより8大きいそうです。3つの整数の和が64のとき，Cはいくつですか。

解説

（1） **塾テク1-㋐**より，A君の得点は，
　　（128＋14）÷2＝<u>71</u>（点）

（2） **塾テク1-㋑**より，線分図に整理すると，下のようになり，<u>Cの長さにそろえて計算すると</u>
　　（64－5－8）÷3＝<u>17</u>

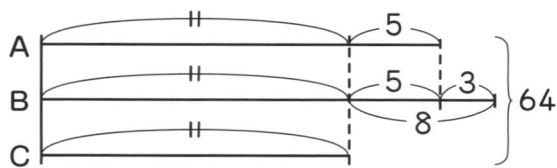

塾テク 002 分配算

「和や差」と「倍」の関係を、線分図にしよう！

①にあたる量を決めて、全体の和や2つの量の差が、①の何倍にあたるかを線分図にかいて調べる

チェック問題 □□□（　　　）

難易度：★★
目安時間：5分

(1) 縦の長さが横の長さの2倍より5cm短い長方形があります。この長方形のまわりの長さが62cmのとき、横の長さは何cmですか。

(2) お母さんはひろし君よりも30才年上で、お母さんの年令はひろし君の年令の4倍より3才多くなっています。お母さんの年令はいくつですか。

解説

(1) 縦と横の長さの和は、
　　$62 ÷ 2 = 31$ （cm）
　　横の長さを①として線分図をかくと、右のようになるから、①の長さは

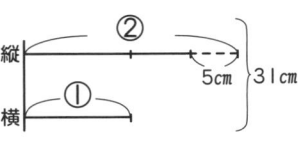

　　$(31 + 5) ÷ (2 + 1) = \underline{12}$ （cm）

(2) ひろし君の年令を①として線分図をかくと、右下のようになるから、①の年令は、
　　$(30 - 3) ÷ (4 - 1) = 9$（才）
　　したがって、お母さんの年令は、
　　$9 + 30 = \underline{39}$（才）

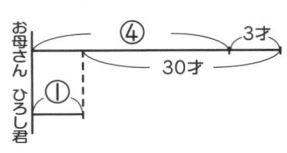

塾テク 003 やりとり算

全員が平等に払うには？

払ったお金の線分図をかいて考える

チェック問題 □□□（　　　）

難易度：★★★★
目安時間：5分

A，B，Cの3人は，パーティーの買い物に行きました。Aは飲み物を，Bはお菓子を，Cはケーキを買いました。ケーキ代は，飲み物代とお菓子代の合計と同じでした。AがCに350円，BがCに200円払うと，3人が払った金額が同じになります。パーティーの費用は全部で何円ですか。

解説

3人が払ったお金についての線分図をかくと，下のようになる。

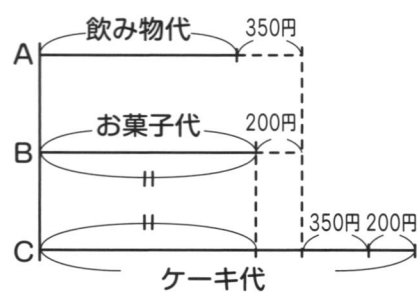

ケーキ代は飲み物代とお菓子代の合計と同じだから，飲み物代は，
200＋350＋200＝750（円）
よって，1人あたりのパーティーの費用は
750＋350＝1100（円）
だから，パーティーの費用は全部で
1100×3＝<u>3300（円）</u>

塾テク 004 　2量のつるかめ算

わかりやすい場合を仮定して考えよう！

「もし全部……なら」と一方に仮定して，1つずつ交換する
↓
仮定しなかった方の量が最初に求められる

チェック問題 □□□（　　　）

難易度：★★
目安時間：2分

90円のえんぴつと110円のボールペンを合わせて25本買って3000円支払ったところ，おつりが470円でした。えんぴつを何本買いましたか。

解説

おつりを除くと，3000－470＝2530（円）
もし，25本全部110円のボールペンだと仮定すると，実際より
110×25－2530＝220（円）
高くなる。ここから，ボールペン1本をえんぴつ1本と交換するごとに，代金の合計は，110－90＝20（円）ずつ安くなるから，求めるえんぴつの本数は，
220÷20＝11（本）

1つの式で求めることができるようにしておきましょう。
（110×25－2530）÷（110－90）＝11（本）

塾テク 005 弁償算

「こわさなかった」と仮定しよう！

「1個もこわさなかった」と仮定して1つずつ交換する
↓
こわした個数が最初に求められる

チェック問題 □□□（　　　）

難易度：★★★
目安時間：3分

600個のグラスを運ぶと、1個につき7円もらえます。ただし、運ぶ途中でこわすと、その分をもらえないばかりではなく、さらに1個につき10円払わなくてはなりません。3945円もらったとすると、運ぶ途中でこわしたグラスは何個ですか。

解説

600個全部こわさずに運んだら、もらえる金額は、実際よりも、
$7 \times 600 - 3945 = 255$（円）
高くなる。1個こわすごとに「もらえない分」と「自分が払う分」の合計の、$7 + 10 = 17$（円）ずつ減っていくから、
こわしたグラスの個数は、
$255 \div 17 = \underline{15（個）}$

1つの式で求めることができるようにしておきましょう。
$(7 \times 600 - 3945) \div (7 + 10) = \underline{15（個）}$

塾テク 006　平均算

平均は，面積図をかいて考えよう！

㋐　平均＝合計÷個数
㋑　平均の面積図
　① 縦を平均，横を個数とすると，面積が合計を表す
　② 全体の平均より「でっぱった部分」と「へこんだ部分」の面積は等しい

チェック問題　□□□（　　　）

難易度：★★★
目安時間：4分

（1）Aさんの国語,算数,理科3科目の平均点は72点でした。社会で96点とると，4科目の平均は何点になりますか。

（2）あるグループでテストを行ったところ，平均点が75点で，80点の人は12人，残りは全員60点でした。このグループの人数は何人ですか。

解説

（1）**塾テク6-㋐**より，(72×3+96)÷4＝<u>78（点）</u>

（2）**塾テク6-㋑**より，問題の内容を面積図で表すと，右下のようになる。このとき，㋐と㋑の長方形の面積は等しい。

㋐（＝㋑）の面積は，
(80－75)×12＝60（点）
したがって，
□は60÷(75－60)＝4（人）
より，求める人数は，
12+4＝<u>16（人）</u>

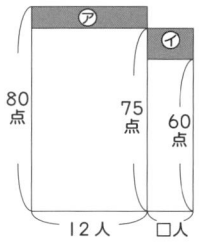

19

塾テク 007　3量のつるかめ算

種類が3つでてきたら，2つにかえよう！

平均を利用して，2量のつるかめ算に直す

チェック問題　□□□（　　　）

難易度：★★★
目安時間：3分

1個600円，500円，450円の3種類のお弁当を全部で25個買ったところ12600円になりました。600円と500円のお弁当の個数が2：3の割合になっているとき，600円のお弁当を何個買いましたか。

解説

600円と500円の弁当の1個あたりの平均の値段は
$(600×2＋500×3)÷(2＋3)＝540$（円）

| 1個　540円 |
| 1個　450円 |　合わせて25個で，12600円

1個540円の弁当の個数は，
$(12600－450×25)÷(540－450)＝15$（個）

1個600円の弁当の個数は，

$15×\dfrac{2}{2＋3}＝\underline{6}$（個）

（比例配分 **塾テク26** 参照）

> 複雑な問題を「シンプルな問題にかえて解く」という発想はとても有効です。

塾テク 008 条件不足のつるかめ算

1つ見つけたら，残りはいもづる式に見つかる！

問題文の条件を式にし，それぞれの数値(すうち)の最大公約数でわった後，倍数条件や「一の位」の数に着目して，あてはまるものを探(さが)す

チェック問題 □□□（　　　）

難易度：★★★★
目安時間：5分

160円のボールペンと60円のえんぴつを何本か買って，代金がちょうど2000円になるようにしようと思います。このような買い方は全部で何通りありますか。

解説

ボールペンをx本，えんぴつをy本買うとすると，

$$160 \times x + 60 \times y = 2000$$
$$8 \times x + 3 \times y = 100$$

全体を20でわる

↑　　　　　↑
4の倍数　　4の倍数

$3 \times y$も4の倍数でなければならないことから，xとyにあてはまる整数の組をまず1組見つけると，$(x, y) = (11, 4)$とわかる。これをもとに，「xを3小さくすると，yは8大きくなる」ことを利用して表にすると，下のようになる。

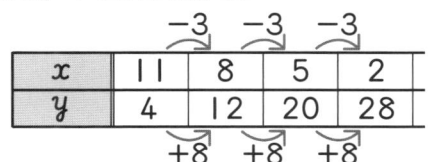

よって，答えは，<u>4通り</u>

塾テク 009 過不足算 -基本-

「1人分の差」が集まって「全体の差」になる！

全体の差 ÷ 1人あたりの差 = 人数

- あまり − あまり
- 不足 − 不足
- あまり + 不足

チェック問題 □□□（　　　）

難易度：★★★
目安時間：5分

（1） えんぴつを何人かの子どもに10本ずつ配ると18本不足し，7本ずつ配ると3本不足します。子どもは何人いますか。

（2） 何人かの子どもにリボンを分けるのに，16cmずつ分けるとリボンが8cmあまります。このリボンを20cmずつ分けると，ちょうど1人分不足します。初めのリボンの長さは何cmですか。

解説

（1）（18 − 3）÷（10 − 7）= 5（人）
　　　　↑　　　　　↑
　　全体の差　　1人あたりの差
　　（不足 − 不足）

（2）（8 + 20）÷（20 − 16）= 7（人）
　　　　↑　　　　　↑
　　全体の差　　1人あたりの差
　　（あまり + 不足）

初めのリボンの長さは，
16 × 7 + 8 = 120（cm）

塾テク 010 過不足算 - 応用 -

長いすに座らせる問題は,範囲をおさえよう!

範囲を考えて,整数条件に着目して解く

チェック問題 □□□( )

難易度:★★★★★
目安時間:5分

生徒を長いすに座らせるのに,1きゃくに4人ずつ座ると39人が座れません。そこで,7人ずつ座ると最後の1きゃくだけ何人かが座り,空席ができました。生徒の人数は何人ですか。考えられる人数をすべて求めなさい。

解説

問題文を整理すると,

- ㋐ 1きゃくに4人ずつ座ると,実際の生徒数より39人少ない人数しか座れない
- ㋑ 1きゃくに7人ずつ座ると,実際の生徒数より1人から6人は多く座れる

㋑は1きゃくに座る人数を㋐よりも(7−4=)3人増やして,㋐よりも,全体で(39+1=)40人から(39+6=)45人は多く座れることがわかる。

40から45までの範囲で,3でわりきれる整数は,42と45だから考えられる長いすの数は,

(42÷3=)14きゃくと(45÷3=)15きゃく

このとき,生徒の人数は,それぞれ

4×14+39=95(人),4×15+39=99(人)

塾テク 011 差集め算

□を使った式と線分図のあわせワザ！

安い方の値段を□円として，線分図をかき，差に着目して□を求める

チェック問題 □□□（　　　）

難易度：★★★★
目安時間：4分

ペンAを15本買う予定で文房具店に行きましたが，ペンBがペンAより20円安く売られていたので，ペンBを18本買ったところ，予定よりお金を90円使わずにすみました。ペンA1本の値段はいくらでしたか。

解説

安い方のペンB1本の値段を□円とすると，ペンAを15本買ったときの金額は，
(□+20)×15
→□×15+300（円）
と表すことができる。

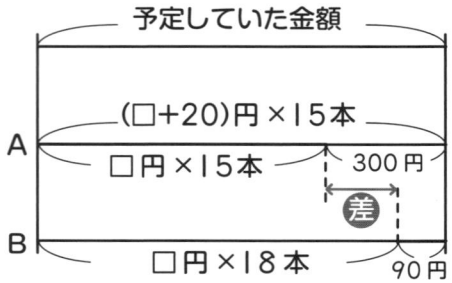

よって，右上の線分図の差に着目すると，□にあてはまる数は，
(300-90)÷(18-15)=70
したがって，ペンA1本の値段は
70+20=<u>90（円）</u>

:::
中学数学で学ぶ「1次方程式」につながる重要な考え方です。
:::

塾テク 012 とりちがえ算

代金が高くなってるか，安くなってるか考える！

とりちがえた個数
＝代金の差÷1個あたりの値段の差
- 高くなる……安いものの方が最初は多かった
- 安くなる……高いものの方が最初は多かった

チェック問題 □□□（　　　）

難易度：★★★
目安時間：3分

1本50円のえんぴつと1本120円のペンを合わせて14本買うつもりでおつりがないようにお金を持ってお店に行きました。ところがまちがえて買う本数を逆にしたので，140円たりなくなりました。予定ではえんぴつを何本買うつもりでしたか。

解説

とりちがえて買うと代金が高くなっているので，予定では値段の安い方のえんぴつを多く買うつもりであったことがわかる。
1本とりちがえて買うごとに，代金の合計は，
120－50＝70円
ずつ高くなるから，とりちがえた本数は，
140÷70＝2（本）
したがって，予定では，えんぴつをボールペンより2本多く買うつもりだったことがわかるから，和差算（**塾テク1**）より，
答えは，(14＋2)÷2＝<u>8（本）</u>

1 和や差の問題

塾テク 013 消去算 -基本-

片方の量をそろえて消そう!

まずは、問題文から2通りの式を作る。それぞれの式を何倍かにして、一方の量をそろえて消す

チェック問題 □□□（　　　）

難易度：★★
目安時間：3分

ノート3冊とえんぴつ4本の代金の合計は680円で、同じノート2冊とえんぴつ7本の代金の合計は800円です。ノート1冊とえんぴつ1本の値段はそれぞれ何円ですか。

解説

ノート1冊の値段をノ円、えんぴつ1本の値段をえ円とする。
問題の内容を式で表すと、

$$\begin{cases} ノ×3+え×4=680 & \cdots\cdots① \\ ノ×2+え×7=800 & \cdots\cdots② \end{cases}$$

①の2倍と②の3倍の差を計算する

$$\begin{cases} ノ×6+え×8=1360 & \cdots\cdots①×2 \\ ノ×6+え×21=2400 & \cdots\cdots②×3 \end{cases}$$

え×1＝(2400−1360)÷(21−8)
　　＝80

これを①の式にあてはめると、
ノ×3+80×4=680より、
ノ×1=120

以上より、ノート1冊　<u>120円</u>、えんぴつ1本　<u>80円</u>

塾テク 014 消去算 -2数の和-

組み合わせを，表で整理しよう！

3つの量のうち，2セットの和がわかっているとき，その和を全部たして2でわると，初めの3つの量の和がわかる

チェック問題 □□□（　　　）

難易度：★★
目安時間：3分

あるお店で，りんごとみかんとなしを売っています。りんごとみかんを1個ずつ買うと150円で，みかんとなしを1個ずつ買うと140円で，りんごとなしを1個ずつ買うと170円です。りんご1個の値段は何円ですか。

解説

3通りの組み合わせを表にすると，次のようになる。

りんご	みかん	なし	値段
○	○		150円
	○	○	140円
○		○	170円
○○	○○	○○	ア

この表から，りんご，みかん，なし2個ずつの値段の合計（ア）は，
150 + 140 + 170 = 460（円）
とわかるから，りんご，みかん，なし1個ずつの値段の合計は，
460 ÷ 2 = 230（円）
したがって，りんご1個の値段は，
230 − 140 = 90（円）

塾テク 015 代入算

もう片方におきかえて，消そう！

まずは，問題文から2通りの式を作る。代入して，一方の量を消す

チェック問題 □□□（　　　）

難易度：★★★
目安時間：4分

バラの花7本とユリの花5本の代金の合計は3550円です。バラの花1本の値段はユリの花2本の値段よりも90円安いとすると，バラの花1本の値段は何円ですか。

解説

バラの花1本の値段をⓑ円，ユリの花1本の値段をⓤ円とする。
問題の内容を式で表すと，

$$\begin{cases} ⓑ×7+ⓤ×5=3550 & ……① \\ ⓑ×1=ⓤ×2-90 & ……② \end{cases}$$

②を7倍すると，

　ⓑ×7=ⓤ×14-630　……③

③を①に代入して，

　ⓤ×14-630+ⓤ×5=3550

　ⓤ×19=4180

　ⓤ×1=220

ユリの花1本の値段が220円だから，バラの花1本の値段は，
220×2-90=<u>350（円）</u>

塾テク13は中学数学で学ぶ「連立方程式の加減法」，塾テク15は「連立方程式の代入法」につながる重要な考え方です。

塾テク 016 集合算

ベン図は，重なりに注意しよう！

ベン図をかいて重なりを調べる

チェック問題 □□□（　　　）

難易度：★★★
目安時間：5分

(1) 30人のクラスで，A，B2問のテストをしたところ，正解した人はAが12人，Bが19人，両方とも正解した人は5人でした。両方とも不正解の人は何人ですか。

(2) 32人のクラスで，算数が好きな人は23人，国語が好きな人は20人，どちらも好きでない人は2人いました。どちらも好きな人は何人いますか。

解説

(1) Aのみの正解者（ア）は，
　12－5＝7（人）
　Bのみの正解者（イ）は，
　19－5＝14（人）
　よって，求める人数（□）は，
　30－(7＋5＋14)＝<u>4（人）</u>

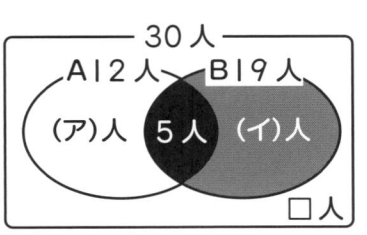

(2) 算数または国語が好きな人は，
　(32－2＝) 30人だから，
　23人＋20人－□人＝30人
　より，□＝<u>13（人）</u>

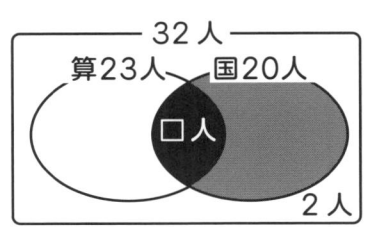

塾テク 017 当選確実票

ライバルにギリギリで勝て!

「当選者数+1人」で票を分け,ギリギリで勝てばよい
　　　　　　↑
　　　　強敵ライバル

チェック問題 □□□(　　　)

難易度:★★★★
目安時間:5分

1人が1票ずつ投票して委員を選ぶとき,次の問いに答えなさい。

(1) 35人のクラスで,1人の委員を選ぶとき,確実に当選するには最低何票とればよいですか。

(2) 35人のクラスで2人の委員を選ぶとき,途中でAが5票,Bが8票,Cが6票,Dが4票で他の人はいませんでした。Dが当選するには,最低あと何票とればよいですか

解説

(1) 35÷(1+1)=17あまり1, 17+1=<u>18(票)</u>
　　　　　↑ライバル

(2) Dはライバル B,C と3人で残りの票を分け合うということ。

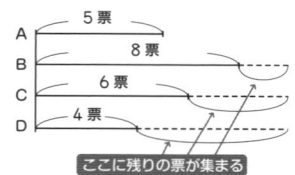

上図より (35−5)÷3=10(票)
　　　　　　　　　↑当選者数+1

となる。これより1票でも多いと確実に当選するから,
Dはあと 10+1−4=<u>7(票)</u> とればよい。

2章
割合と比の問題

塾テク 018 割合の基本知識

割合とはすべて「○○倍」！

%で表した割合を百分率，割，分，厘で表した割合を歩合という。

小数	1	0.1	0.01	0.001
百分率	100%	10%	1%	0.1%
歩合	10割	1割	1分	1厘

チェック問題 □□□（　　　）

難易度：★★
目安時間：6分

次の □ にあてはまる数を求めなさい。

(1) 380円は19000円の □ %です。

(2) 780円の $\frac{7}{13}$ は □ 円の30%です。

(3) □ 円の4割8分は600円です。

(4) 800gの3割5分は1kgの □ %です。

解説

(1) 380÷19000＝0.02 → <u>2%</u>

(2) 780 × $\frac{7}{13}$ ＝420（円）　30% → 0.3

　　420÷0.3＝<u>1400（円）</u>

(3) 4割8分 → 0.48
　　600÷0.48＝<u>1250（円）</u>

(4) 3割5分 → 0.35
　　800×0.35＝280（g）　1kg＝1000g
　　280÷1000＝0.28 → <u>28%</u>

塾テク 019 相当算 - 線分図 -

「何がもとになっているか」に注意しよう！

基準が変われば下に降ろして線分図をかく
基準量＝実際の数量÷その割合

チェック問題 □□□（　　）

難易度：★★★
目安時間：5分

□ ページの本を，1日目は全体の $\frac{1}{4}$ より6ページ多く読み，2日目は残りの $\frac{2}{5}$ より8ページ少なく読み，3日目は2日目の残りの $\frac{1}{2}$ を読んだところ，40ページ残りました。□ にあてはまる数を求めなさい。

解説

線分図に表すと，右のようになる。
2日目の残り（△）は，

$$40 \div (1 - \frac{1}{2}) = 80 (ページ)$$

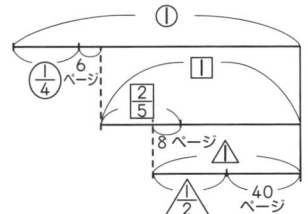

1日目の残り（1）は，

$$(80 - 8) \div (1 - \frac{2}{5}) = 120 (ページ)$$

よって，全体のページ数（①）は，

$$(120 + 6) \div (1 - \frac{1}{4}) = 168 (ページ) \rightarrow \Box = \underline{168}$$

塾テク 020 相当算 - 割合の積 -

2つ以上の割合を1つにまとめよう！

「割合×割合」で新しい割合が求められる

チェック問題 □□□（　　　）

難易度：★★★
目安時間：6分

(1) ある長方形の縦の長さを10%増やし、横の長さを10%減らすと面積が$99cm^2$になりました。もとの長方形の面積は何cm^2ですか。

(2) A君は初めに持っていたお金の$\frac{1}{3}$を使い、次に残りの$\frac{3}{4}$を使い、最後にその残りの$\frac{2}{3}$を使ったところ、50円残りました。A君が初めに持っていたお金は何円ですか。

解説

(1) 新しい長方形の縦、横の長さはそれぞれもとの長方形の
($1+0.1=$) 1.1倍,($1-0.1=$) 0.9倍になっているので、
面積は、$1.1 \times 0.9 = 0.99$(倍)
だから、もとの長方形の面積は、$99 \div 0.99 = \underline{100}$ (cm^2)

(2) 最初に$1-\frac{1}{3}=\frac{2}{3}$が残り、次にその$1-\frac{3}{4}=\frac{1}{4}$が残り、最後にはその$1-\frac{2}{3}=\frac{1}{3}$が残ったから、

初めの$\frac{2}{3} \times \frac{1}{4} \times \frac{1}{3} = \frac{1}{18}$が残ったことになる。だから、

A君が初めに持っていたお金は、$50 \div \frac{1}{18} = \underline{900}$ (円)

塾テク 021 相当算 - やりとり -

流れ図に整理して,最後からもどしていこう!

「□の $\frac{b}{a}$ を他にわたす」→「□の $(1-\frac{b}{a})$ が残る」

チェック問題 □□□( )

難易度:★★★★
目安時間:4分

Aは所持金の $\frac{1}{3}$ をBにわたしました。その後,BはAから受け取ったお金を含めた所持金の $\frac{2}{5}$ をAにわたすと,A,Bの所持金はそれぞれ1360円,840円になりました。2人の初めの所持金はそれぞれ何円ですか。

解説

やりとりの様子を「流れ図」に整理すると,右下のようになる。

2人の所持金の和は,

1360 + 840 = 2200 (円)

で,つねに一定である。

右図において,

アは,$840 ÷ \frac{3}{5} = 1400$ (円)

イは,2200 - 1400 = 800 (円)

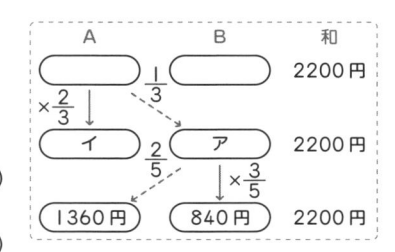

よって,Aの初めの所持金は,$800 ÷ \frac{2}{3} = \underline{1200\ (円)}$

Bの初めの所持金は,2200 - 1200 = <u>1000 (円)</u>

塾テク 022 単位あたりの量

求めたい単位でわろう！

1あたり（単位あたり）の量を求めるときは，何を何でわるのかに注意する
〈例〉「1gあたり」を求めたいなら，〜gでわる

チェック問題 □□□（　　　）

難易度：★★
目安時間：4分

（1） 180gで450円のとり肉があります。このとり肉1gあたりの値段は何円ですか。

（2） 2100円と25ドルが等しく，80ドルと56ユーロが等しいとき，1ユーロは何円ですか。

解説

（1） 450÷180＝<u>2.5（円）</u>
　　　　　└── 1gあたりを求めたいので，180gでわる

（2） まず，1ドルが何円になるかを求めると，
　　　2100÷25＝84（円）
　　　　　　└── 1ドルあたりを求めるため，25ドルでわる
　　　よって，80ドルは，84×80＝6720（円）となり，これが56ユーロと等しいので，1ユーロは
　　　6720÷56＝<u>120（円）</u>
　　　　　└── 1ユーロあたりを求めるため，56ユーロでわる

塾テク 023 比例式

外側どうしと内側どうしをかけた数は同じになる！

外項の積＝内項の積

$$A : B = C : D \rightarrow A \times D = B \times C$$

外項：A, D
内項：B, C

難易度：★
目安時間：2分

チェック問題 □□□（　　　）

次の □ にあてはまる数を求めなさい。

(1) □ : 30 = 24 : 25

(2) $2\dfrac{1}{3} : 8\dfrac{2}{5} = $ □ : 45

(3) □ : 0.9 = 1.6 : □　（□ には同じ数字が入るとします）

解説

(1) □ × 25 = 30 × 24

$$\square = \dfrac{30 \times 24}{25} = \underline{28.8}$$

(2) $2\dfrac{1}{3} \times 45 = 8\dfrac{2}{5} \times $ □

$$\square = \dfrac{7}{3} \times 45 \div \dfrac{42}{5} = \dfrac{7 \times 45 \times 5}{3 \times 42} = \underline{12.5}$$

(3) □ × □ = 0.9 × 1.6
　　　　　 = 1.44

1.44 = 1.2 × 1.2 より，□ = $\underline{1.2}$

塾テク 024 連比

比を1つにまとめよう！

- 2つの比に共通な部分を最小公倍数にそろえる
- 小数や分数の連比は整数比に直して連比にする

チェック問題 □□□（　　　）

難易度：★★
目安時間：3分

次の(1),(2)のA:B:Cを最も簡単な整数の比で表しなさい。

(1) A:B＝5:2　B:C＝3:4

(2) A:B＝0.63:0.7　A:C＝$\dfrac{3}{4}$: $\dfrac{5}{8}$

解説

(1) 2つの比に共通なBの値を2と3の最小公倍数の6にそろえると，右のようになるから，

$$\times 3 \begin{pmatrix} A : B : C \\ 5 : 2 \\ 3 : 4 \\ \hline 15 : 6 : 8 \end{pmatrix} \times 2$$

A:B:C＝<u>15:6:8</u>

(2) それぞれ整数比に直すと，

A:B＝(0.63×100):(0.7×100)
　　＝63:70＝9:10

A:C＝$\dfrac{6}{8}$: $\dfrac{5}{8}$ ＝6:5

Aの値を18にそろえると，右上のようになるから，

$$\times 2 \begin{pmatrix} A : B : C \\ 9 : 10 \\ 6 : 5 \\ \hline 18 : 20 : 15 \end{pmatrix} \times 3$$

A:B:C＝<u>18:20:15</u>

塾テク 025 逆比の利用

2つの積が等しいときは、反対にするだけ！

A×x＝B×yのとき

A：B＝$\dfrac{1}{x}$：$\dfrac{1}{y}$ ←xの逆数：yの逆数

チェック問題 □□□（　　　　）

難易度：★★
目安時間：1分

(1) Aの2倍とBの3倍が等しいとき、A：Bを求めなさい。

(2) Aの2倍とBの3倍とCの4倍が等しいとき、A：B：Cを求めなさい。

解説

(1) A×2＝B×3より，

$$A：B＝\dfrac{1}{2}：\dfrac{1}{3}＝\underline{3：2}$$

> 2数の逆比は反対にしてよい
> 　　　2　：　3
> 逆比　3　：　2

(2) A×2＝B×3＝C×4より，

$$A：B：C＝\dfrac{1}{2}：\dfrac{1}{3}：\dfrac{1}{4}$$

$$＝\dfrac{6}{12}：\dfrac{4}{12}：\dfrac{3}{12}$$

$$＝\underline{6：4：3}$$

> 3数の逆比は
> 反対にしてはいけない！
> 4：3：2としてはダメ！

塾テク 026 比と和・差

和と差と比のどれか2つがわかればよい！

㋐ 2つの数量の比A：Bと，数量の和がわかっているとき，

Aにあたる量＝数量の和×$\dfrac{A}{A+B}$ ← これを比例配分という

㋑ 2つの数量の比A：Bと，数量の差がわかっているとき，

Aにあたる量＝数量の差×$\dfrac{A}{A-B}$ （A＞Bとする）

チェック問題 □□□（　　　）

難易度：★
目安時間：2分

（1） 120cmのリボンを姉と妹で3：2になるように分けました。姉のリボンの長さは何cmですか。

（2） A君とB君の所持金の比は5：3で，A君はB君よりも400円多く持っています。B君の所持金は何円ですか。

解説

（1）**塾テク26**の㋐より，求める長さは，

$$120 \times \dfrac{3}{3+2} = \underline{72\,(cm)}$$

（2）**塾テク26**の㋑より，求める金額は，

$$400 \times \dfrac{3}{5-3} = \underline{600\,(円)}$$

塾テク26の計算方法は，文章題だけでなく，図形問題でも使用する重要なテクニックです。

塾テク 027　バネののび

おもりの重さと，バネののびは比例する！

・バネの長さ＝おもりをつるしていないときの長さ＋バネののび
　　　　　　　　　　　　　　　　　　おもり1gあたりののび×おもりの重さ

チェック問題　□□□（　　　）

難易度：★★★
目安時間：4分

あるバネに32gのおもりをつるすとバネの長さは18cmになり，56gのおもりをつるすとバネの長さは21cmになります。つるすおもりの重さとバネののびる長さは比例します。

（1）おもりをつるしていないときのバネの長さは何cmですか。

（2）おもりをつるしたところ，バネの長さは27cmになりました。つるしたおもりの重さは何gですか。

解説

（1）このバネの，おもり1gあたりののびは，

$$(21-18) \div (56-32) = \frac{1}{8} \ (cm/g)$$

32gのおもりをつるしたときのバネののびは，

$$\frac{1}{8} \times 32 = 4 \ (cm)$$

よって，おもりをつるしていないときのバネの長さは，
$18 - 4 = \underline{14 \ (cm)}$

（2）　$(27 - 14) \div \frac{1}{8} = \underline{104 \ (g)}$
　　　　↑　　　　　　　↑
　　バネののび　　おもり1gあたりののび

塾テク 028　かみ合っている歯車

歯の数が多いと，回転数は少なくなる！

2つの歯車AとBがかみ合っているとき，AとBの進む歯の数は等しいから，

Aの歯の数×Aの回転数＝Bの歯の数×Bの回転数

↓

AとBの歯の数の比と回転数の比は逆比

難易度：★★
目安時間：4分

チェック問題　□□□（　　　）

右図のように3つの歯車A，B，Cがかみ合っています。

(1) Aの歯数が36で，Bの歯数が24のとき，Aが10回転する間にBは何回転しますか。

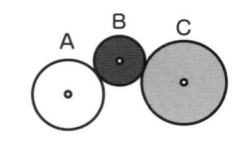

(2) Aの歯数が45で，Aが16回転する間に，Cが12回転するとき，Cの歯数はいくつですか。

解説

(1) 回転数の比は，歯数の逆比だから，$\dfrac{1}{36} : \dfrac{1}{24} = 2 : 3$

だから，Bの回転数は，$10 \times \dfrac{3}{2} = \underline{15\,(回転)}$

(2) 歯数の比は，回転数の逆比だから，$\dfrac{1}{16} : \dfrac{1}{12} = 3 : 4$

だから，Cの歯数は，$45 \times \dfrac{4}{3} = \underline{60}$

塾テク 029 時計の進みとおくれ

針のズレを図形にしよう！

経過した時間と，時計の針の進み（おくれ）は比例するので，相似な三角形の辺の比におきかえて考えるとわかりやすい

チェック問題 □□□（　　　）

難易度：★★★
目安時間：5分

（1）1日に3分進む時計を，午前8時に正しい時刻に合わせると，その日の午後6時には，午後何時何分何秒を指していますか。

（2）午前9時の時報のとき，9時9分を指していた時計が，午後5時の時報では4時57分になっていました。この時計が正しい時刻を指したのは，午後何時何分ですか。

解説

（1）右図より，　□：3 ＝ 10：24　（**塾テク154**参照）

$\square = 1\dfrac{1}{4}$ （分）→ 1分15秒

よって，答えは，
午後6時1分15秒

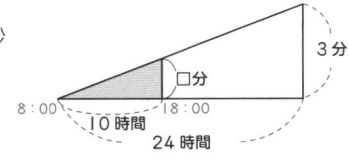

（2）9分：3分 ＝ 3：1　（**塾テク155**参照）

右図より，①あたりの時間は，

$8 \times \dfrac{1}{3+1} = 2$ （時間）

よって，答えは，
午後5時 － 2時間
＝午後3時0分

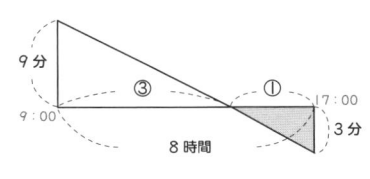

塾テク 030 階段グラフ

何回追加したかに注意しよう!

タクシー料金,小包料金などは
基本料金＋追加料金
ただし,はんぱのきょり(重さ)は,追加1回分となる

チェック問題　□□□(　　　)

難易度:★★★
目安時間:4分

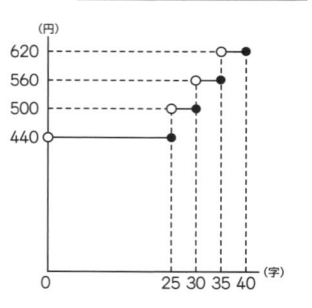

右のグラフは,電報の電文の字数と料金の関係を表したものです。例えば,電文の字数が27字や30字のときは,その料金は500円になります。

電報料金が1280円のとき,電文の字数は何字以上何字以下と考えられますか。ただし,40字をこえてもこの規則にしたがうことにします。

解説

基本料金は,25字まで440円である。また,5字増えるごとに,追加料金が60円ずつかかっているから,追加回数は
$(1280-440) \div 60 = 14$(回)
したがって,求める字数の範囲は,
$\begin{cases} 25+5\times(14-1)+1 = \underline{91 \text{(字)以上}} \\ 25+5\times 14 = \underline{95 \text{(字)以下}} \end{cases}$

塾テク 031 濃度算 - 基本 -

食塩水の公式を使いこなそう！

- 濃さ＝食塩÷食塩水
- 食塩＝食塩水×濃さ
- 食塩水＝食塩÷濃さ

チェック問題 □□□（　　　）

難易度：★★★
目安時間：6分

次の □ にあてはまる数を求めなさい。

(1) 6%の食塩水Aと □ %の食塩水Bがあります。A100gとB150gを混ぜたところ，9%の食塩水ができました。

(2) 4%の食塩水400gに水 ㋐ gと食塩 ㋑ gを加えると5%の食塩水が720gできます。

解説

(1) Bの中の食塩は，

　　(100＋150)×0.09－100×0.06＝16.5 (g)
　　　　　↑　　　　　　　　　↑
　　AとBを混ぜた食塩水の　　Aの中の食塩
　　中の食塩

　　よって，Bの濃さは，16.5÷150＝0.11 → □ ＝11

(2) 加えた食塩は，

　　720×0.05－400×0.04＝20 (g) → ㋑ ＝20

　　よって，加えた水は，

　　720－(400＋20)＝300 (g) → ㋐ ＝300

塾テク 032 濃度算 - 何かが一定のとき -

変わらないものを見つけよう！

㋐水を入れる
　水を蒸発させる　}→ 食塩は一定

㋑食塩を入れる→水は一定

チェック問題 □□□（　　　）

難易度：★★★★
目安時間：10分

次の □ にあてはまる数を求めなさい。

（1）6%の食塩水300gに水を □ g入れると4%の食塩水になります。

（2）8%の食塩水200gから水を □ g蒸発させると10%の食塩水になります。

（3）10%の食塩水350gに食塩を □ g入れると16%の食塩水になります。

解説

（1）**塾テク32-㋐**より、食塩の量は変わらないから、水を入れた後の食塩水は、$300 \times 0.06 \div 0.04 = 450$ (g) よって、入れた水は、$450 - 300 = 150$ (g) → □ = <u>150</u>

（2）**塾テク32-㋐**より、食塩の量は変わらないから、水を蒸発させた後の食塩水は、$200 \times 0.08 \div 0.1 = 160$ (g) よって、蒸発させた水は、$200 - 160 = 40$ (g) → □ = <u>40</u>

（3）**塾テク32-㋑**より、水の量は変わらないから、
食塩を入れた後の食塩水は、$350 \times 0.9 \div 0.84 = 375$ (gs)
　　　　　　　　　　　　　1-0.1↗　　↖1-0.16

よって、入れた食塩は、$375 - 350 = 25$ (g) → □ = <u>25</u>

塾テク 033 濃度算 -面積図-

重さがわからないなら，面積図で考える！

食塩水の面積図
①濃さを縦，食塩水の重さを横にとる
②混ぜた後の濃さの線よりも「でっぱった部分」と「へこんだ部分」の面積は等しい

チェック問題 □□□（　　　）

難易度：★★★★
目安時間：4分

6％の食塩水Aと13％の食塩水Bを混ぜて，9％の食塩水を作ります。このとき，AとBの混ぜる量の比を最も簡単な整数の比で求めなさい。

解説

問題の内容を面積図で表すと右のようになり，長方形⑦と⑦の縦の長さはそれぞれ，

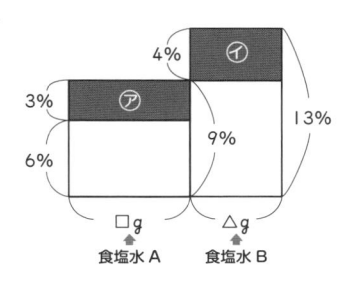

⑦ 9－6＝3（％）
⑦ 13－9＝4（％）

⑦と⑦の長方形の面積は等しいから，横の長さは縦の長さの逆比である。したがって，求める量の比は，

$$\Box : \triangle = \frac{1}{3} : \frac{1}{4} = \underline{4 : 3}$$

塾テク 034 濃度算 - やりとり -

食塩水の入れかえは、食塩を追え！

やりとりの様子を「流れ図」に整理して、食塩の量の和は一定であることに着目して考える。

チェック問題 □□□（　　　）

難易度：★★★★★
目安時間：5分

15％の食塩水が300g入っている容器Aと、10％の食塩水が500g入っている容器Bがあります。A, B両方の容器から同じ量の食塩水をくみ出し、Aからくみ出した食塩水をBに、Bからくみ出した食塩水をAに入れたとき、Aの容器の食塩水は12％になりました。Bの容器の食塩水の濃度は何％になりましたか。

解説

初めの容器A, Bに入っていた食塩の量はそれぞれ

A→$300 \times 0.15 = 45$ (g)
B→$500 \times 0.1 = 50$ (g)

やりとり後の容器Aに入っている食塩の量は、

$300 \times 0.12 = 36$ (g)

よって、やりとり後の容器Bに入っている食塩の量（右図の△）は、

$45 + 50 - 36 = 59$ (g)

したがって、求める濃度は、

$59 \div 500 = 0.118 \to \underline{11.8\%}$

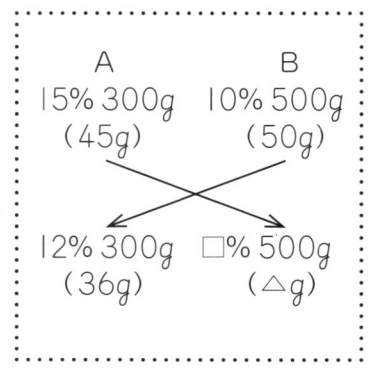

```
       A             B
   15% 300g      10% 500g
    (45g)         (50g)
        \         /
         \       /
          \     /
           \   /
            \ /
             X
            / \
           /   \
          /     \
         /       \
   12% 300g      □% 500g
    (36g)         (△g)
```

塾テク 035 損益算 - 基本 -

言葉の意味を正確にとらえよう!

定価＝仕入れ値×(1＋利益率)
売り値＝定価×(1－値引き率)

チェック問題 □□□(　　　)

難易度：★★
目安時間：5分

次の □ にあてはまる数を求めなさい。

(1) 仕入れ値が750円の品物に2割の利益を見込んで □ 円の定価をつけました。

(2) 仕入れ値が □ 円の商品に，25%の利益を見込んでつけた定価から，3割引きにして735円で売りました。

(3) 1500円で仕入れた品物を定価 □ 円の15%引きで売ったところ，30円の利益がありました。

解説

(1) 750×(1＋0.2)＝<u>900 (円)</u>

(2) 定価は，735÷(1－0.3)＝1050 (円)
　　仕入れ値は，1050÷(1＋0.25)＝<u>840 (円)</u>

(3) 売り値は，1500＋30＝1530 (円)
　　定価は，1530÷(1－0.15)＝<u>1800 (円)</u>

塾テク 036 損益算 - 相当算の利用 -

仕入れ値を①と仮定しよう！

- 「何をもとに割合が表されているか」に注意
- もとにする量が具体的な数値で与えられていない場合は、もとにする量を①とおいて考える

チェック問題 □□□（　　　）

難易度：★★★
目安時間：3分

ある商品に仕入れ値の4割の利益を見込んで定価をつけましたが、売れなかったので定価の2割引きで売ったところ、420円の利益がありました。仕入れ値はいくらですか。

解説

仕入れ値を①とすると、定価は

①×(1＋0.4)＝①.4

売り値は、

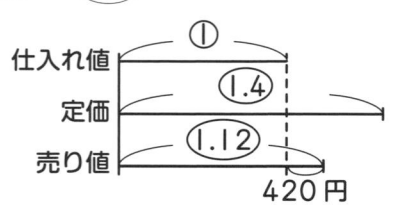

①.4×(1－0.2)＝①.12

売り値と仕入れ値の差(＝利益)は、

①.12－①＝⓪.12

したがって、仕入れ値(①にあたる金額)は

420÷0.12＝<u>3500 (円)</u>

塾テク 037 損益算 - 総利益の求め方 -

総利益は1つの公式で求められる！

総利益＝売り上げの合計－仕入れ値の合計

チェック問題 □□□（　　　）

難易度：★★★★
目安時間：6分

1個200円の品物を30個仕入れて，3割の利益を見込んで定価をつけました。

（1）定価で20個売り，残りを定価の3割引きで売ったときの利益は全部でいくらですか。

（2）定価で何個か売り，残りの品物は捨てたときの利益は全部で500円でした。何個売れましたか。

解説

（1）仕入れ値の合計は，200×30＝6000（円）
　　　1個あたりの定価は，200×（1＋0.3）＝260（円）
　　　定価の3割引きは，260×（1－0.3）＝182（円）
　　　よって，売り上げの合計は，
　　　260×20＋182×10＝7020（円）
　　　したがって，総利益は，7020－6000＝<u>1020（円）</u>

（2）売り上げの合計は，6000＋500＝6500（円）
　　　したがって，売れた個数は，
　　　6500÷260＝<u>25（個）</u>

2 割合と比の問題

塾テク 038 倍数算

一定なものの比をそろえよう！

- やりとり→和一定
- 同じ量の変化→差一定

であることを利用して，比の1あたりをそろえる

チェック問題 □□□（　　　）

難易度：★★★★
目安時間：8分

(1) 初め，姉と妹の所持金の比は3：1でしたが，姉が妹に500円あげたので，2人の所持金の比は2：1になりました。初めの姉の所持金は何円ですか。

(2) A，B2つの品物の値段の比は5：3でしたが，両方とも20円ずつ値上がりしたので，値段の比が10：7になりました。現在のAの値段は何円ですか。

解説

(1)
$$\begin{array}{c} \text{和}4 \xrightarrow{\times 3} \text{和}⑫ \\ 3:1 = ⑨:③ \\ 2:1 = ⑧:④ \\ \text{和}3 \xrightarrow{\times 4} \text{和}⑫ \end{array}$$

(2)
$$\begin{array}{c} \text{差}2 \xrightarrow{\times 3} \text{差}⑥ \\ 5:3 = ⑮:⑨ \\ 10:7 = ⑳:⑭ \\ \text{差}3 \xrightarrow{\times 2} \text{差}⑥ \end{array}$$

(1) 2人の所持金の和は一定だから，これをもとに比の①あたりをそろえると，⑨−⑧=①が500円とわかる。したがって，初めの姉の所持金は，⑨=<u>4500円</u>

(2) 2つの品物の値段の差は一定だから，これをもとに比の①あたりをそろえると，⑳−⑮=⑤が20円とわかる。したがって，現在のAの値段は，⑳=<u>80円</u>

塾テク 039 倍数変化算

比を○で囲んで、比例式を作ろう！

マルイチ算を利用して解く
〈手順〉
（1）一方の比の数を○で囲み、もう一方の比はそのままにして、比例式を立てる。
（2）「外項の積＝内項の積」から、①にあたる量を求める。

チェック問題 □□□（　　　）

難易度：★★★★★
目安時間：5分

A君とB君の所持金の比は5:2でしたが、A君は520円使い、B君は240円もらったところ、A君とB君の所持金の比は4:3になりました。初めのB君の所持金は何円ですか。

解説

2人の初めの所持金を、それぞれ⑤円、②円として、比例式を立てると、

（⑤－520円）:（②＋240円）＝4:3

外項の積＝内項の積から、
（⑤－520円）×3＝（②＋240円）×4
⑮－1560円＝⑧＋960円
右図より、⑮－⑧＝960円＋1560円
⑦＝2520円、①＝360円
したがって、初めのB君の所持金は、
②＝<u>720円</u>

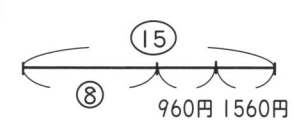

塾テク 040 年令算-基本-

年齢の差に着目して考えよう！

- 年令の差はいつも一定であることを利用
- 何年か後に年齢の和が等しくなる問題は，1年たつごとに差が何才ちぢまるかを求め，「追いつき」の考え方を利用

チェック問題 □□□（　　）

難易度：★★★
目安時間：7分

次の問いに答えなさい。

(1) 現在，母は40才，子は13才です。母の年令が子の年令の4倍だったのは，今から何年前ですか。

(2) 現在，父は39才，母は34才で，3人の子どもの年令はそれぞれ11才，9才，6才です。両親の年令の和が，3人の子どもの年令の和と等しくなるのは今から何年後ですか。

解説

(1) 2人の年令の差は，$40-13=27$（才）で一定。
右の線分図の①あたりの年令は，
$27÷(4-1)=9$（才）
これは今から，$13-9=\underline{4（年前）}$

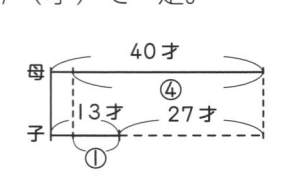

(2) 現在，両親の年令の和は（$39+34=$）73才，
3人の子どもの年令の和は（$11+9+6=$）26才。
1年に両親の年令の和は2才，3人の子どもの年令の和は3才増えるから，子ども3人の年令の和が両親の年令の和に追いつくのは，$(73-26)÷(3-2)=\underline{47（年後）}$

塾テク 041 年令算 - 過去, 現在, 未来 -

流れ図と①のあわせワザで考えよう!

だれか1人の年令を①才として,「流れ図」に整理し,他の人の年令も○を使って表し,式を作って解く

チェック問題　□□□(　　　)

難易度:★★★★★
目安時間:8分

現在,父,母,子の年令の和は90才です。5年前の父の年令は,子の年令のちょうど4倍でした。今から7年後の母の年令は,子の年令のちょうど2倍になります。現在の子の年令は何才ですか。

解説

5年前の子の年令を①才として,問題の条件を「流れ図」に整理すると,下のようになる。

	父	母	子
(5年前)	④才		①才
(現在)	④+5才	②+17才	①+5才
(7年後)		②+24才	①+12才

×2

よって,現在の3人の年令の和は,

④+5才　+　②+17才　+　①+5才　=　⑦+27才
　父　　　　　　母　　　　　　子

となり,これが90才であることから,①=(90-27)÷7=9(才)
したがって,現在の子の年令は,9+5=<u>14(才)</u>

塾テク 042　仕事算

都合のよい状況を作ろう！

- ㋐ 全体の仕事量をそれぞれがかかる日数の最小公倍数にする
- ㋑ 途中でだれかが休む場合は，休まなかったときにできる仕事量の合計を考える

チェック問題　□□□（　　　）

難易度：★★★★
目安時間：7分

Aだけですると60日，Bだけですると30日，Cだけですると40日かかる仕事があります。これについて，次の問いに答えなさい。

(1) この仕事をAとCの2人ですると，仕上げるのに何日かかりますか。

(2) この仕事を3人で始めましたが，仕上げるまでにAは5日，BとCは2日ずつ休みました。この仕事が仕上がるまでに何日かかりましたか。

解説

(1) **塾テク42-㋐**より，全体の仕事量を60，30，40の最小公倍数の120とすると，3人の1日の仕事量はそれぞれ
　　120÷60＝2……A
　　120÷30＝4……B
　　120÷40＝3……C
　　よって，求める日数は，120÷（2＋3）＝<u>24（日）</u>

(2) **塾テク42-㋑**より，だれも休まなかったときの，3人がする仕事量の合計は，120＋2×5＋（4＋3）×2＝144
　　よって，求める日数は，144÷（2＋4＋3）＝<u>16（日）</u>

塾テク 043 のべ算

単位を自分で設定してしまおう！

・3人が5日働く

→3×5＝15 ／ のべ15人
　　　　　＼ のべ15日　｝どちらでもよい

チェック問題 □□□（　　　）

難易度：★★
目安時間：3分

（1） 12人ですると10日かかる仕事を，初めの6日間は8人でしました。残りを4日で終わらせるには，何人で仕事をすればよいですか。

（2） A，B，Cの3人が電車に乗りました。座席が2つしか空いていなかったので3人が交代で同じ時間座ることにしました。電車に乗っている時間が24分だとすると1人何分座れますか。

解説

（1） のべ量（全体の仕事量）は，12×10＝120
　　　初めの6日間でした仕事量は，8×6＝48
　　　残りの仕事量は，120－48＝72
　　　したがって，求める人数は，72÷4＝<u>18（人）</u>

（2） 座れるのべ時間は，座席が2つ空いていたので
　　　24×2＝48（分）
　　　この時間を3人で同じ時間ずつ分けることになるから，求める時間は，
　　　48÷3＝<u>16（分）</u>

塾テク 044 ニュートン算・基本

水そうから実際に減る量を考えよう！

・初めの量がなくなるまでの時間（分）
＝初めの量÷1分間に実際に減る量
　　　　　　　↑減らす量－増える量

チェック問題 □□□（　　　）

難易度：★★★
目安時間：4分

水そうに水が280L入っています。水道のじゃ口から毎分14Lの水を入れながら、同時に1台で毎分12Lの水をくみ出すことのできるポンプを何台か使って水をくみ出していきます。

（1）2台のポンプを使うと、何分で水そうは空になりますか。
（2）4分で水そうを空にするには、ポンプは何台必要ですか。

解説

（1）2台のポンプを使ったときに、
1分間に実際に減る量は、
12×2－14＝10（L／分）
よって、求める時間は、
280÷10＝<u>28（分）</u>

毎分14L（増える量）

280L

ポンプでくみ出す（減らす量）

（2）1分間に実際に減る量は、
280÷4＝70（L／分）
よって、求める台数は、
(70＋14)÷12＝<u>7（台）</u>

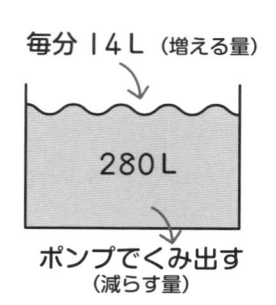

塾テク 045 ニュートン算・量の差に着目

①を使って水量の線分図をかこう！

・初めの量がわかっていない場合
→ポンプ1台で1分間にくみ出す量を①として線分図をかく

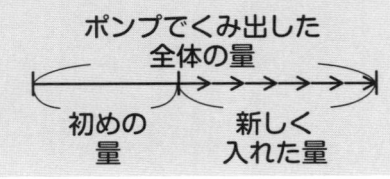

```
        ポンプでくみ出した
          全体の量
   |─────────|→→→→→|
    初めの     新しく
     量       入れた量
```

チェック問題　□□□（　　　）

難易度：★★★★★
目安時間：5分

ある量の水が入った水そうに，一定の割合で水を入れながらポンプを使って水をくみ出します。水そうを空にするには4台のポンプでは15分かかり，8台のポンプでは，7分かかります。11台のポンプで水そうを空にするには，何分かかりますか。

解説

問題の内容を線分図に表すと，右のようになる。2本の線分図の差に着目すると，1分間に入る水の量は，

$(⑥⓪ - ㊺⑥) ÷ (15 - 7)$
$= ⓪.⑤$

```
       ①×4×15=⑥⓪
    |────────────|
    | 初めの量 | 15分で入れた量 |
              | 7分で入れた量 |
              |────────|
                   ここに着目！
       ①×8×7=㊺⑥
```

より，初めの量は，$⑥⓪ - ⓪.⑤ × 15 = ㊾②.⑤$

したがって，求める時間は，$㊾②.⑤ ÷ (① × 11 - ⓪.⑤) = \underline{5（分）}$

　　　　　　　　　　　　　　　↑1分間に実際に減る量

3章
速さの問題

塾テク 046 速さの公式

線分図1つで解ける!

- きょり＝速さ×時間
- 速さ＝きょり÷時間
- 時間＝きょり÷速さ

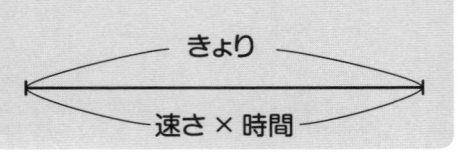

難易度：★
目安時間：3分

チェック問題 □□□（　　）

(1) 時速30kmで2時間40分進んだときのきょりは何kmですか。

(2) 1.4kmを25分で歩く人の速さは分速何mですか。

(3) 68kmのきょりを時速40kmで進むと何時間何分かかりますか。

解説

(1) 2時間40分＝$2\frac{2}{3}$時間

$30 \times 2\frac{2}{3} = \underline{80\ (km)}$

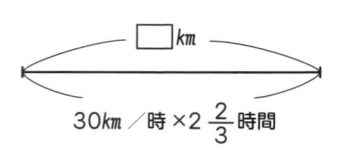

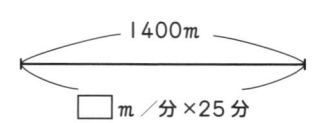

(2) 1.4km＝1400m
1400÷25＝$\underline{56\ (m/分)}$

(3) 68÷40＝1.7（時間）
0.7時間を分に直すと、
60×0.7＝42（分）より、
答えは、1時間42分

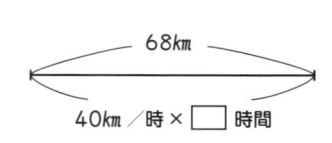

62

塾テク 047 速さのグラフ

グラフから状況を読み取ろう！

グラフの折れ曲がったところで区切って、それぞれの部分で、「速さ」「時間」「きょり」の関係をとらえる。

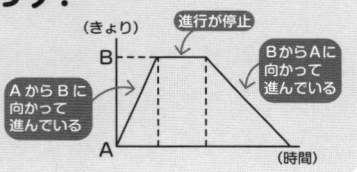

チェック問題 □□□（　　　）

難易度：★★★
目安時間：5分

A君は家を出発し、分速120mで走って公園まで行きました。公園で10分休んだあと、家にもどりました。右のグラフはそのときの様子を表しています。

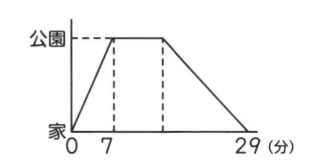

(1) 家から公園までのきょりは何mですか。

(2) 公園から家にもどるときの速さは分速何mですか。

解説

(1) グラフの㋐より、7分間で公園に着いているから、
$$120 \times 7 = \underline{840 \,(m)}$$

(2) グラフの㋑の部分に着目すると、公園から家にもどるのに、
$$29 - 7 - 10 = 12 \,(分)$$
かかっているから、
そのときの分速は、
$$840 \div 12 = \underline{70 \,(m/分)}$$

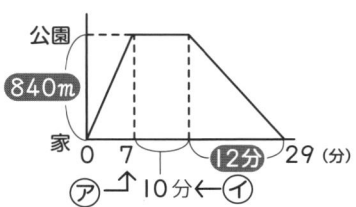

塾テク 048 往復の平均の速さ

平均の速さも「きょり÷時間」で求めよう!

往復の問題では,行きの速さ,帰りの速さ,往復の速さのうち,2つの速さがわかれば,残りの速さは,実際のきょりに関係なく求められる

・往復の平均の速さ=往復のきょり÷往復にかかった時間

チェック問題 □□□(　　　)

難易度:★★★
目安時間:5分

(1) 片道12kmのきょりを,行きは毎時4km,帰りは毎時6kmの速さで往復しました。このとき,往復の平均の速さは毎時何kmですか。

(2) あるきょりを自転車で往復しました。行きの速さは毎時9kmで,往復の平均の速さは毎時8kmでした。帰りの速さは毎時何kmですか。

解説

(1) 行きにかかった時間は,12÷4=3(時間)
　　帰りにかかった時間は,12÷6=2(時間)
　　よって,**塾テク48**より,往復の平均の速さは,
　　12×2÷(3+2)=<u>4.8(km/時)</u>

(2) 片道のきょりを9と8の最小公倍数の72kmとおくと,
　　往復にかかった時間は,72×2÷8=18(時間)
　　行きにかかった時間は,72÷9=8(時間)
　　帰りにかかった時間は,18-8=10(時間)
　　したがって,帰りの速さは,72÷10=<u>7.2(km/時)</u>

塾テク 049 旅人算 - 出会い・追いつき -

「速さの和」や「速さの差」を利用しよう！

旅人算の公式
- ㋐ 出会うまでの時間＝初めのきょり÷速さの和
- ㋑ 追いつくまでの時間＝初めのきょり÷速さの差

チェック問題 □□□（　　　）

難易度：★★★
目安時間：6分

(1) AB間のきょりは1300mです。太郎君がA地点からB地点に向かって分速50mで出発し，その4分後に花子さんがB地点からA地点に向かって分速60mで出発しました。2人は花子さんが出発してから何分後に出会いますか。

(2) 弟が家を分速45mで出発してから5分後に，兄が家から分速60mで追いかけました。兄が弟に追いつくのは，兄が出発してから何分後ですか。

解説

(1) 花子さんが出発したときの2人の間の（初めの）きょりは，
1300−50×4＝1100 (m)
よって，**塾テク49-㋐**より，求める時間は，
1100÷(50＋60)＝<u>10</u>（分後）

(2) 兄が出発したときの2人の間の（初めの）きょりは，
45×5＝225 (m)
よって，**塾テク49-㋑**より，求める時間は，
225÷(60−45)＝<u>15</u>（分後）

塾テク 050 円周上の旅人算

出会いは「和が1周」，追いつきは「差が1周」

⑦ 円周上を反対方向に進む場合
2人の進むきょりの和が1周になったときに出会う

④ 円周上を同じ方向に進む場合
2人の進むきょりの差が1周になったときに追いつく

チェック問題 □□□（　　　）

難易度：★★★
目安時間：3分

周囲540mの池があり，A，Bの2人が同じ場所から同時に歩き始めます。反対方向に歩くときは4分後に出会い，同じ方向に歩くときは36分後にAがBに追いつきます。Bの歩く速さは分速何mですか。

解説

塾テク50-⑦より，2人が4分間に進んだきょりの和が540mだから，2人の分速の和は，540÷4＝135（m／分）

塾テク50-④より，2人が36分間に進んだきょりの差が540mだから，2人の分速の差は，540÷36＝15（m／分）

したがって，和差算（**塾テク1**）より，Bの分速は，

（135－15）÷2＝<u>60（m／分）</u>

〈出会い〉進んだきょりの和が1周　　〈追いつき〉進んだきょりの差が1周

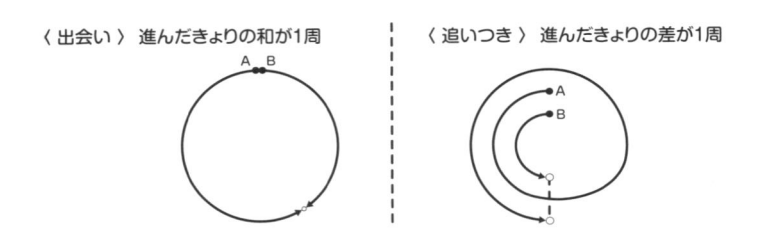

塾テク 051 3人の旅人算

場面ごとに分けて、2人ずつで考えよう！

・状況図をかき、順番に2人ずつの旅人算として考える

チェック問題 □□□（　　）

難易度：★★★★
目安時間：5分

A, B, Cの3人が、それぞれ毎分90m, 70m, 60mの速さで、AとBはP地点からQ地点に向かって、CはQ地点からP地点に向かって、同時に出発しました。このとき、AとCが出会ってから2分後にBとCが出会いました。PQ間のきょりは何mですか。

解説

条件を状況図に表すと、下のようになる。

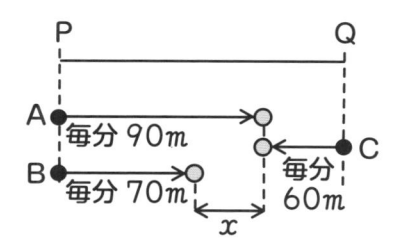

xは、BとCが2分で出会うきょりだから、
$x = (70 + 60) \times 2 = 260$ (m)
よって、AとCが出会ったとき、AとBは260mはなれていたことになる。AがBを260mだけひきはなすのにかかる時間は、
$260 \div (90 - 70) = 13$ (分)
PQ間のきょりは、AとCが13分で出会うきょりだから、
$(90 + 60) \times 13 = \underline{1950 \text{ (m)}}$

塾テク 052 速さと比 -速さや時間が一定-

比を使って，状況を線分図にかこう！

- ㋐ 同じ速さ→「進んだきょりの比＝時間の比」
- ㋑ 同じ時間→「速さの比＝進んだきょりの比」

チェック問題 □□□（　　　）

難易度：★★★
目安時間：3分

A，Bの2人がそれぞれ一定の速さで，P地を出発してQ地に向かいました。Aが出発してから8分後にBが出発し，その12分後にBはAに追いつきました。AとBの速さの比を求めなさい。

解説

Bが出発したとき，Aがいた地点をR，BがAに追いついた地点をSとすると，下図のようになる。

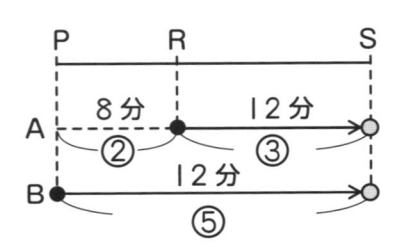

塾テク52-㋐より，

PR:RS＝8:12
　　　＝2:3

同じ時間（12分）で，AはRS間を，BはPS間を進んでいるから，

塾テク52-㋑より，AとBの速さの比は，

3:(2＋3) ＝<u>3:5</u>

68

塾テク 053　速さと比 - きょり一定 -

きょりが同じなら、速さと時間の比は逆になる！

同じきょり→速さとかかる時間の比は逆比

チェック問題　□□□（　　　）

難易度：★★★★
目安時間：3分

（1） 兄が15秒で走るきょりを弟が走ると18秒かかります。兄と弟の速さの比を求めなさい。

（2） 家から図書館まで毎時4kmの速さで歩いて行くと、毎時14kmの速さで自転車に乗っていくときよりも15分多くかかります。歩いたときにかかる時間は何分ですか。

解説

（1） 15：18＝5：6　より、求める比は、<u>6：5</u>

	兄		弟
時間の比	5	：	6
速さの比	6	：	5

逆比になる！

（2） 4：14＝2：7　より、かかった時間の比は、7：2

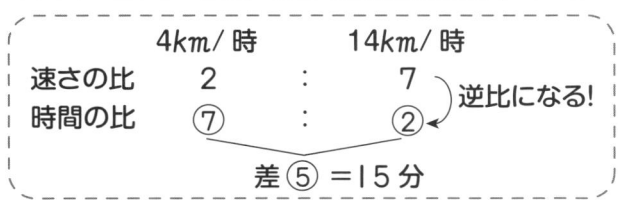

	4km/時		14km/時
速さの比	2	：	7
時間の比	⑦	：	②

逆比になる！

差⑤＝15分

よって、求める時間は $15 \times \dfrac{7}{5} = \underline{21\,(分)}$

塾テク 054　歩数と歩はば

歩ばば（1歩の長さ）を基準にしよう！

速さの比 ＝ 歩はばの比×同じ時間に進む歩数の比

チェック問題　□□□（　　　）

難易度：★★★
目安時間：3分

A君が6歩あるく間にB君は7歩あるきます。また，A君が3歩であるくきょりをB君は4歩であるきます。A君とB君の速さの比を求めなさい。

解説

A君の3歩とB君の4歩は同じだから、下図のようになる。

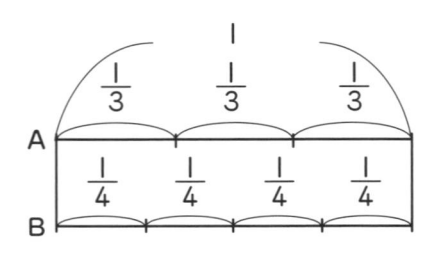

A君とB君の歩はばの比は，$\dfrac{1}{3} : \dfrac{1}{4} = 4 : 3$

A君が6歩進む時間にB君は7歩進むので，A君とB君の速さの比は，

$(4 \times 6) : (3 \times 7)$
$= \underline{8 : 7}$

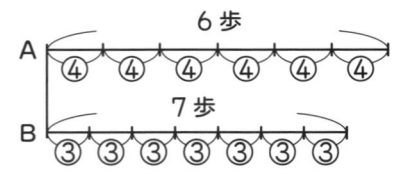

塾テク 055 往復の旅人算

2人が進んだきょりの「和」や「差」に着目！

・2回目の出会い→進んだきょりの和は、初めのきょりの3倍分
・出会いの問題でも「速さの差」を使うこともある

チェック問題 □□□（　　　）

難易度：★★★★
目安時間：4分

(1) 2kmはなれたAB間を、兄はA地点から毎分150mで、弟はB地点から毎分100mで同時に出発して往復します。2人が2回目に出会うのは何分後ですか。

(2) 姉妹が同時に家を出発して、駅との間を往復します。姉は駅で折り返してから45m進んだところで妹とすれちがいました。姉は毎分70m、妹は毎分55mで歩きます。2人がすれちがったのは家を出発してから何分後ですか。

解説

(1) 右図のように、2回目に出会うまでに2人が進んだきょりの「和」は、「AB間のきょりの3倍」だから、出会うまでの時間は、
2000×3÷（150+100）
＝24（分）

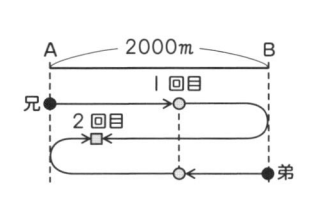

(2) 右図のように、すれちがうまでに2人が進んだきょりの「差」は、「45mの2倍」だから、すれちがうまでの時間は、
45×2÷（70-55）＝6（分後）

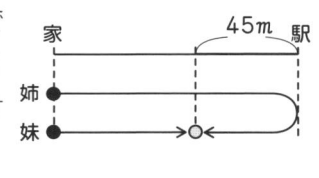

71

塾テク 056 列車の間かく

きょり間かくも「最小公倍数」で解ける！

後ろからくる電車に○分ごとに追いこされ，前からくる電車に□分ごとにすれちがう問題は，電車のきょり間かくを「○と□の最小公倍数」として考える

チェック問題 □□□（　　　）

難易度：★★★★
目安時間：4分

線路に沿って自転車で時速12kmで走っている人が20分ごとに電車に追いこされ，15分ごとに反対側からくる電車とすれちがいました。電車は一定の間かくで，どれも一定の速さで運転されているとき，電車の時速を求めなさい。

解説

電車のきょり間かくを⑥⓪として考える。
　　　　　　　　　　└─ 20と15の最小公倍数

電車と自転車の分速の差は，⑥⓪÷20＝③
電車と自転車の分速の和は，⑥⓪÷15＝④
和差算より，電車の分速は，(③＋④)÷2＝③.5
自転車の分速は，③.5－③＝⓪.5
したがって，電車と自転車の速さの比は，
③.5：⓪.5＝7：1
より，電車の時速は，12×7＝<u>84（km／時）</u>

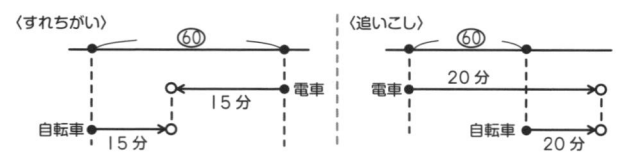

〈すれちがい〉　　　　　　〈追いこし〉

塾テク 057 ダイヤグラムと相似

図形で考えると計算が楽！

相似な三角形の相似比を縦軸や横軸に移す

チェック問題 □□□（　　　）

難易度：★★★★
目安時間：5分

A君がP地点を出発し，3.6kmはなれたQ地点に向かいました。その16分後，B君がQ地点を出発し，P地点に向かいました。右のグラフはそのときのA君とB君の動く様子を表しています。

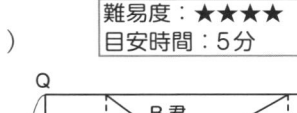

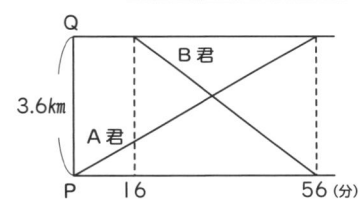

(1) 2人が出会うのはA君が出発してから何分後ですか。
(2) 2人が出会う地点はP地点から何kmのところですか。

解説

(1) 右図において，クロス型相似（**塾テク155**参照）の相似比は，40：56＝5：7
これを横軸に移して，

$$56 \times \frac{7}{7+5} = 32\frac{2}{3} \text{(分後)}$$

(2) 右図のように，相似比を縦軸に移して，

$$3.6 \times \frac{7}{7+5} = 2.1 \text{ (km)}$$

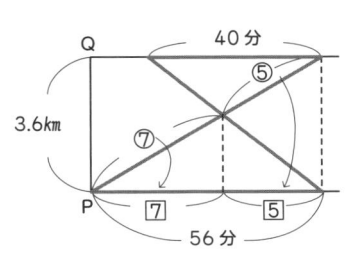

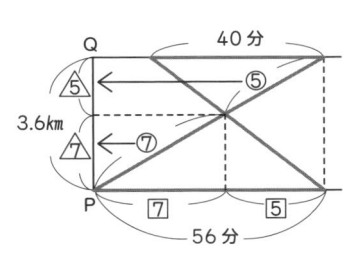

塾テク 058 点の移動とグラフ

曲がり角を見落とすな！

グラフの折れ曲がった点ごとに，動く点の位置をかいて考える

難易度：★★★
目安時間：3分

チェック問題　□□□（　　　）

図1のような台形ABCDがあります。点PはBを出発し，毎秒2cmの速さで辺上をCを通ってDまで動きます。図2は，点Pが出発してからの時間と三角形APDの面積の関係を表したグラフです。辺AB，DCの長さはそれぞれ何cmですか。

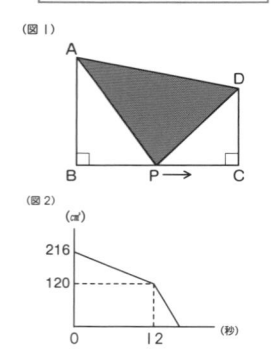

解説

図2のグラフの折れ曲がった点ごとに，点Pの位置をかくと，右のようになる。

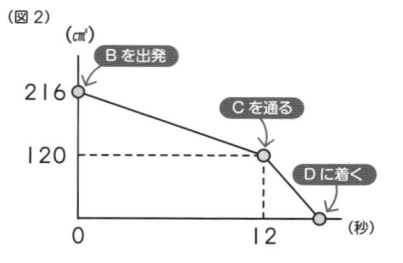

BC＝2×12＝24（cm）

0秒後は図3，12秒後は図4のようになるから，

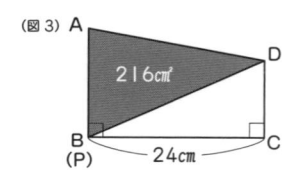

AB＝216×2÷24＝<u>18（cm）</u>

DC＝120×2÷24＝<u>10（cm）</u>

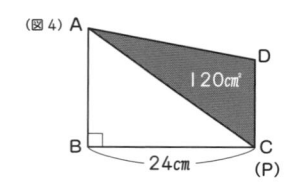

塾テク 059 2点の移動 - 同時に通過 -

同時通過も「最小公倍数」で解ける！

- 2点が出発点にもどる時間を求めて，最小公倍数を利用する
- 2点が条件を満たす位置にくる時間を，それぞれ数列で表す

チェック問題 □□□（　　　）

難易度：★★★★★
目安時間：10分

右図のような1辺が10cmの正三角形ABCが
あります。2点P, QはそれぞれA, Cから同時
に出発し，矢印の方向に辺上を，点Pは毎秒
5cm，点Qは毎秒2cmの速さでまわります。

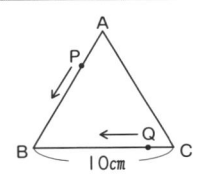

(1) 2点が再び同時に出発点を通過するのは，出発してから何秒後ですか。

(2) 2点がBで2回目に出会うのは，出発してから何秒後ですか。

解説

(1) 2点が出発点を通過するのは，それぞれ
P→10×3÷5＝6（秒）ごと
Q→10×3÷2＝15（秒）ごと
よって，求める時間は，6と15の最小公倍数の <u>30秒後</u>

(2) P, Qが出発後, Bを通過する時間（単位は秒）を数列で表すと

$$\begin{cases} \text{PがBを通過} \to 2,\ 8,\ 14,\ \textcircled{20},\ 26\cdots\cdots \quad (+6,+6,+6,+6) \\ \text{QがBを通過} \to 5,\ \textcircled{20},\ 35\cdots\cdots \quad (+15,+15) \end{cases}$$

このことから，2点がBで1回目に出会うのは20秒後と
わかり，この後は6と15の最小公倍数の30秒ごとにB
で出会うので，2回目は，20＋30＝<u>50（秒後）</u>

塾テク 060 2点の移動 -旅人算の利用-

2点が進んだ長さの「和」や「差」に着目！

・旅人算を利用する
・「2点がそれぞれどの辺上にあるときか」を考える

チェック問題 □□□（　　）

難易度：★★★
目安時間：5分

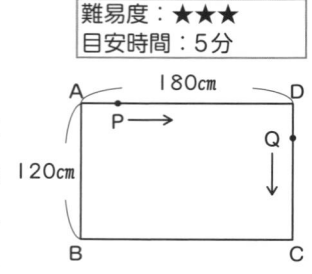

右図のような長方形ABCDがあり、2点P, Qは、それぞれA, Dを同時に出発し、長方形の周上を時計回りに進み続けます。2点P, Qの速さはそれぞれ毎秒10cm, 毎秒15cmとします。

(1) 点Qが点Pに初めて追いつくのは、出発してから何秒後ですか。

(2) PQとABが初めて平行になるのは、出発してから何秒後ですか。

解説

(1) （120×2＋180）÷（15－10）＝<u>84</u>（秒後）

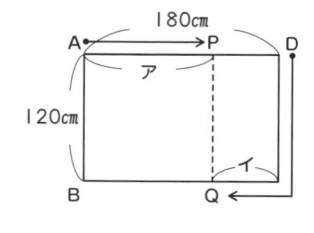

(2) PQとABが初めて平行になるのは、右図のようになるときである。出発してからこのときまでに2点が進んだ長さの和は、
180＋120＝300（cm）
　↑
　ア＋イ

であるから、求める時間は、300÷（10＋15）＝<u>12</u>(秒後)

塾テク 061　2点の移動 -円周上-

円周上をまわるときは,角度で考える!

単位時間あたりに進む角度(角速度)を求めて,2点がまわった「角度の和」や「角度の差」に着目して考える。

チェック問題　□□□(　　　)

難易度：★★★
目安時間：3分

右図の位置から,2点P,Qが同時に出発して,矢印の方向に向かって動きます。1周するのにPは18秒,Qは30秒かかります。初めて2点P,Qのきょりが最も長くなるのは,出発してから何秒後ですか。

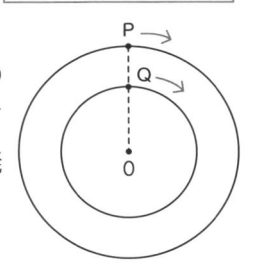

解説

2点P, Qの角速度はそれぞれ
P→360÷18=20(度／秒)
Q→360÷30=12(度／秒)
2点P, Qのきょりが最も長くなるのは,右図のように点Pが点Qよりも180度多くまわったときだから,

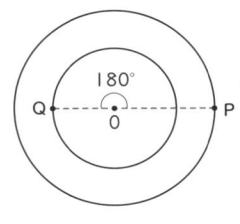

180÷(20-12)=<u>22.5(秒後)</u>

角速度を使って解く問題の代表が**塾テク62**の「時計算」です。
時計算はふつう,長針と短針の速さを分速で表します。

長針→1時間(60分)で1周するので, 360÷60=6(度／分)
短針→1時間(60分)で30度進むので, 30÷60=0.5(度／分)

塾テク 062　時計算 - 両針の作る角度 -

時計は，長針と短針の旅人算！

1分間に進む角の大きさは，
- ↗ 長針……6°
- ↘ 短針……0.5°

差は5.5°

チェック問題　□□□（　　　）

難易度：★★★
目安時間：6分

（1）6時22分のとき，時計の長針と短針が作る小さい方の角の大きさは何度ですか。

（2）4時と5時の間で，時計の長針と短針の作る角が33度になることが2回あります。2回目は1回目の何分後ですか。

解説

「長針が短針よりも何度多く進んだか」を考える。

（1）6時ちょうどのときに針が作る角は180°
22分間で長針は短針よりも
$(6-0.5) \times 22 = 121°$
多く進むから，求める角xの大きさは，
$180 - 121 = \underline{59°}$

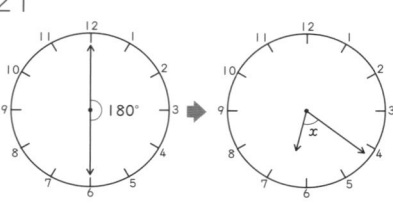

（2）長針が短針の33°後ろにいるときから，33°先にいるときまでの時間を求めればよいから，
$33 \times 2 \div (6-0.5) = \underline{12}$（分後）

塾テク 063 時計算 - 時刻を求める -

「○○時ちょうど」の時刻から考えよう！

時計がある角度になる時刻を求める問題は，長針が短針を追いかけたり，ひきはなしたりする旅人算として考える。

チェック問題 □□□（　　　）

難易度：★★★★
目安時間：7分

（1）7時と8時の間で，時計の長針と短針が重なる時刻は7時何分ですか。

（2）5時と6時の間で，時計の長針と短針の作る角が直角になることがあります。2回目は5時何分ですか。

解説

（1）7時ちょうどに両針が作る角は，$30 \times 7 = 210°$
よって，長針が短針に追いつくまでの時間は，

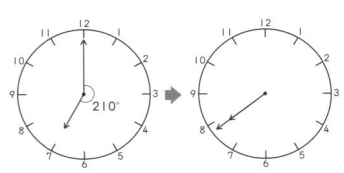

$$210 \div (6 - 0.5) = 210 \times \frac{2}{11} = 38\frac{2}{11} \text{（分）}$$

（2）5時ちょうどに両針が作る角は，$30 \times 5 = 150°$
両針が2回目に直角になるのは，長針が短針に追いついた後，さらに90°ひきはなしたときだから，

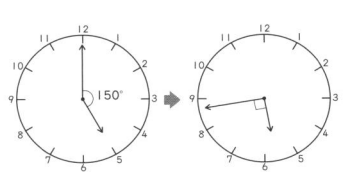

$$(150 + 90) \div (6 - 0.5) = 43\frac{7}{11} \text{（分）}$$

塾テク 064　時計算 -針の位置が線対称-

短針が動いた角を，反対に移動させよう！

両針が対称の位置にあるとき，短針の動いた角を移して，
長針と短針の進んだ角の和で考える
　　↑30度の整数倍になる

チェック問題　□□□（　　　）

難易度：★★★★★
目安時間：5分

7時と8時の間で，時計の長針と短針が，文字盤の中心から6時の方向にひいた直線について線対称な位置になることがあります。それは7時何分ですか。

解説

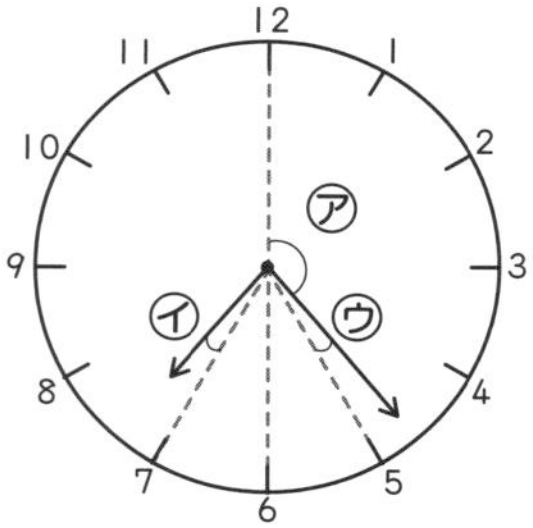

右図で，7時ちょうどから長針は㋐の角だけ進み，短針は㋑の角だけ進む。
線対称な位置になることより，
㋑＝㋒だから，
㋐＋㋑（＝㋐＋㋒）＝ 30 × 5 ＝ 150°

したがって，7時ちょうどから，長針と短針の進んだ角の和が150°になればよいので，求める時間は，

$$150 \div (6 + 0.5) = 150 \times \frac{2}{13}$$

$$= 23\frac{1}{13} \text{（分）}$$

塾テク 065 通過算 -基本-

先頭や最後尾の1点の動きに着目しよう！

先頭や最後尾などの，ある1点だけの動きに着目
- ㋐ トンネルを通過する時間
  =（トンネルの長さ＋電車の長さ）÷速さ
- ㋑ トンネルにかくれている時間
  =（トンネルの長さ－電車の長さ）÷速さ

チェック問題 □□□（　　　）

難易度：★★
目安時間：4分

（1） 長さ120mの列車が秒速18mで走っています。この列車が420mの鉄橋をわたり始めてからわたり終えるまでに何秒かかりますか。

（2） 長さ140m，秒速16.5mの列車がトンネルに入ってから，列車は40秒間トンネルに完全にかくれていました。このトンネルの長さは何mですか。

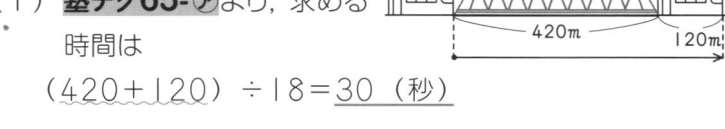

解説

（1） **塾テク65-㋐**より，求める時間は

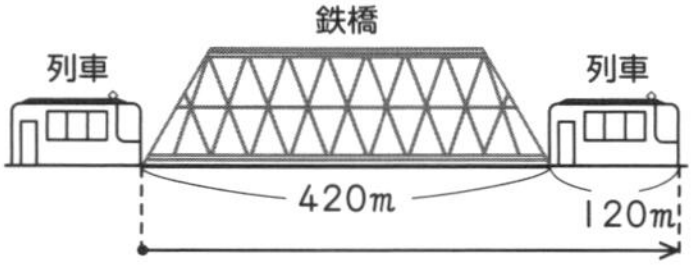

（420＋120）÷18＝<u>30</u>（秒）

（2） トンネルの長さを□mとすると，**塾テク65-㋑**より，

（□－140）÷16.5＝40
□＝16.5×40＋140
　＝<u>800</u>（m）

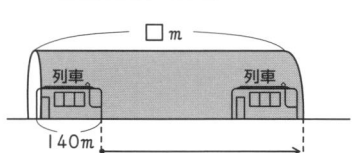

塾テク 066 通過算 - 通過の比較 -

通過の比較は状況を図にかこう！

2通りの通過の様子を表す図を上下に並べてかく

```
列車の速さ＝通過きょりの差÷通過時間の差
```

チェック問題 □□□（　　　）

難易度：★★★
目安時間：5分

ある列車が，長さ260mの鉄橋を通過するのに23秒かかり，長さ820mのトンネルを通過するのに58秒かかりました。これについて，次の問いに答えなさい。

(1) この列車の速さは毎秒何mですか。

(2) この列車の長さは何mですか。

解説

(1) 右図のように，2通りの通過の様子を表す図を上下に並べてかくと，通過きょりの差は，鉄橋とトンネルの長さの差と等しいから，
820－260＝560（m）
通過時間の差は，（58－23＝）35秒だから，**塾テク66**より，この電車の速さは，560÷35＝<u>16（m／秒）</u>

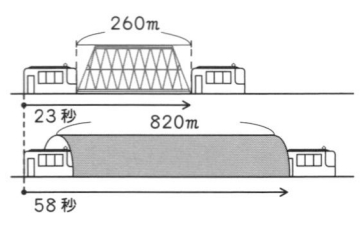

(2) 列車と鉄橋の長さの和は，16×23＝368（m）
だから，列車の長さは，368－260＝<u>108（m）</u>

塾テク 067　列車のすれちがいと追いこし

列車の長さの和が，きょりになる！

⑦　すれちがいにかかる時間
　　＝列車の長さの和÷速さの和
④　追いこすのにかかる時間
　　＝列車の長さの和÷速さの差

チェック問題　□□□（　　　）

難易度：★★★★
目安時間：4分

長さが160mで秒速25mで走る急行列車Aと長さが120mで秒速 ① mで走る普通列車Bがあります。AとBがすれちがい始めてからすれちがい終わるまでに7秒かかるとき，AがBに追いついてから追いこすまでに ② 秒かかります。 ① ， ② にあてはまる数を求めなさい。

解説

塾テク 67-⑦ より，

$(160 + 120) ÷ (25 + ①) = 7$

$① = 280 ÷ 7 - 25 = \underline{15}$

塾テク 67-④ より， ② は，

$(160 + 120) ÷ (25 - 15) = \underline{28}$

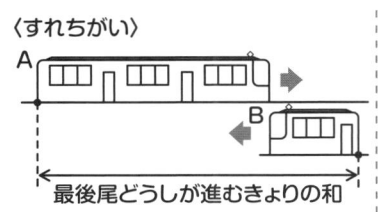

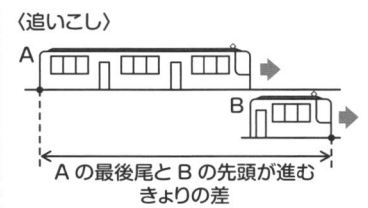

〈すれちがい〉　最後尾どうしが進むきょりの和

〈追いこし〉　Aの最後尾とBの先頭が進むきょりの差

83

塾テク 068 流水算 -基本-

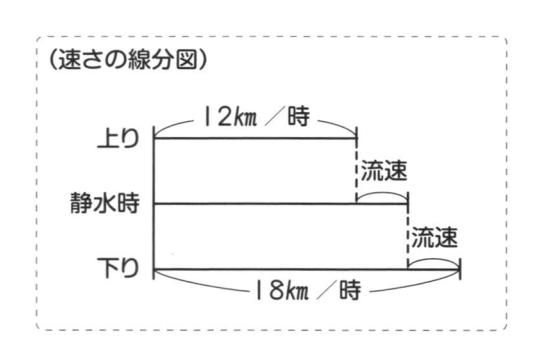

「速さ」の線分図をかいて考えよう!

- ㋐ 上りの速さ=静水時の速さ−流速
- ㋑ 下りの速さ=静水時の速さ+流速
- ㋒ 流速=(下りの速さ−上りの速さ)÷2
- ㋓ 静水時の速さ=(上りの速さ+下りの速さ)÷2

チェック問題 □□□( )

難易度:★★★
目安時間:3分

静水時の速さが一定の船で,ある川を36km上るのに3時間,63km下るのに3時間30分かかりました。この川の流れの速さとこの船の静水時の速さはそれぞれ毎時何kmですか。

解説

上りの速さは,36÷3=12(km/時)
下りの速さは,63÷3.5=18(km/時)

塾テク68-㋒より,

流速=(18−12)÷2
　　=3(km/時)

塾テク68-㋓より,

静水時の速さ
=(12+18)÷2
=15(km/時)

(速さの線分図)

```
         ┌── 12km/時 ──┐
  上り ───────────────┤
                        │流速
  静水時 ─────────────────┤
                            │流速
  下り ─────────────────────┤
         └──── 18km/時 ────┘
```

塾テク 069 流水算 - 比の利用 -

「逆比」と「線分図」のあわせワザ！

きょりが与えられていない場合は，速さの比を使い，「速さの線分図」に条件を整理する

チェック問題 □□□（　　　）

難易度：★★★★
目安時間：4分

静水時の速さが毎時14kmの船が，ある川の下流と上流にある2地点間を往復するのに行きは8時間，帰りは6時間かかりました。この川の流れの速さは毎時何kmですか。

解説

同じきょりを進むとき，速さの比はかかった時間の逆比になるから，上りと下りの速さの比は，

$\dfrac{1}{8} : \dfrac{1}{6} = 3 : 4$

よって，上りの速さを③，下りの速さを④として，「速さの線分図」をかくと右のようになり，

（速さの線分図）

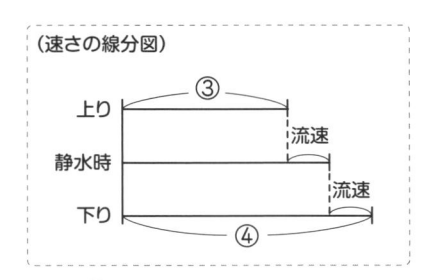

流速＝（④－③）÷2＝⓪.⑤
静水時の速さ＝（③＋④）÷2＝③.⑤
となる。
①あたりの速さは，14÷3.5＝4（km／時）より，
求める流速は，4×0.5＝ 2（km／時）

塾テク 070 エスカレーターの問題

「進んだ段数＝進んだきょり」と読みかえよう！

エスカレーター上を歩く場合

> エスカレーターの段数
>   ＝歩いた段数＋エスカレーターが進んだ段数

であることから，歩く速さとエスカレーターの速さの比を求める

チェック問題 □□□（　　　）

難易度：★★★★★
目安時間：5分

駅ビルの1階から2階まで70段のエスカレーターがあります。Aさんがここを28段歩いて上がったら，ちょうど2階に着きました。Aさんの2倍の速さで歩いて上がるとすると，2階に着くのは何段歩いたときですか。

解説

Aさんが28段歩く間に，エスカレーターは，42（＝70－28）段進んでいるから，Aさんの歩く速さとエスカレーターの速さの比は，28：42＝2：3

よって，Aさんの2倍の速さとエスカレーターの速さの比は，
（2×2）：3＝4：3

したがって，求める段数は，

$70 \times \dfrac{4}{4+3} = \underline{40\ (段)}$

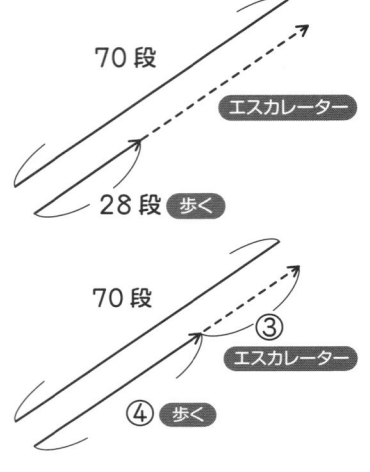

4章
数の性質の問題

塾テク 071　計算の工夫

順序を変えて、計算しやすくしよう！

まずは式全体を見て，計算が楽になる数の組み合わせがないかを考える

例：$4 \times 25 = 100$，$8 \times 125 = 1000$
　　$18 + 26 + 32 + 24 = (18 + 32) + (26 + 24)$

チェック問題　□□□（　　　）

難易度：★
目安時間：2分半

次の問題を工夫して計算しなさい。

(1) 36×25
(2) $125 \times 7 \times 24$
(3) $456 - 287 + 344 - 213$

解説

(1) $36 \times 25 = 9 \times 4 \times 25 = 9 \times 100 = \underline{900}$

(2) $125 \times 7 \times 24 = 125 \times 7 \times 8 \times 3$
　　　　　　　　　　$= (125 \times 8) \times (7 \times 3)$
　　　　　　　　　　$= 1000 \times 21$
　　　　　　　　　　$= \underline{21000}$

(3) $456 - 287 + 344 - 213$
　　$= (456 + 344) - (287 + 213)$
　　$= 800 - 500$
　　$= \underline{300}$

塾テク 072　□にあてはまる数

逆算のルールを覚えよう！

$$+ \longleftrightarrow - \qquad \times \longleftrightarrow \div$$
(たす)　(ひく)　　(かける)　(わる)

ただし，
- A−□＝Bのとき，□＝A−B
- A÷□＝Bのとき，□＝A÷B

難易度：★★
目安時間：2分

チェック問題　□□□（　　）

次の□にあてはまる数を求めなさい。

$$(54 - 45 \div \Box) \div \frac{2}{3} = 36$$

解説

次のように，①，②の値を番号順に逆算して求めていく。

$$(54 - \underbrace{45 \div \Box}_{②})_{①} \div \frac{2}{3} = 36$$

①は，$36 \times \frac{2}{3} = 24$

②は，$54 - 24 = 30$

□は，$45 \div 30 = \underline{1.5}$

塾テク 073 分配法則の利用

共通の数でくくると計算が楽！

A×C+B×C＝(A+B)×C

共通のCでくくる

チェック問題 □□□（　　　）

難易度：★★
目安時間：4分

(1) 12×3.14+18×3.14
(2) 256×185+153×185−389×185
(3) 22.5×11−2.25×98+0.225×280

解説

(1) (12+18)×3.14＝30×3.14＝<u>94.2</u>

(2) (256+153−389)×185＝20×185
　　　　　　　　　　　　＝<u>3700</u>

(3) 22.5＝2.25×10, 0.225＝2.25×0.1
　　のように式をかきかえ，<u>2.25でくくって計算する。</u>
　　2.25×10×11−2.25×98+2.25×0.1×280
　　＝2.25×(110−98+28)
　　＝2.25×40
　　＝<u>90</u>

中学数学で学ぶ「因数分解」につながる重要な計算です。

塾テク 074 小数・分数の積と商

6つの「小数→分数」を覚えると速くなる!

$0.25 \to \dfrac{1}{4}$　　$0.75 \to \dfrac{3}{4}$　　$0.125 \to \dfrac{1}{8}$

$0.375 \to \dfrac{3}{8}$　　$0.625 \to \dfrac{5}{8}$　　$0.875 \to \dfrac{7}{8}$

チェック問題　□□□(　　　)

難易度:★★
目安時間:6分

(1) $0.75 \div 1.5 \div 0.125 \times 0.625$

(2) $1\dfrac{1}{3} \times 0.25 \div 0.375 \div 2\dfrac{2}{3}$

(3) $2.5 \times 3.75 \div 1.875 \div 3.125$

解説

塾テク74より,小数を分数にかきかえて計算する。

(1) $\dfrac{3}{4} \div \dfrac{3}{2} \div \dfrac{1}{8} \times \dfrac{5}{8} = \dfrac{3}{4} \times \dfrac{2}{3} \times \dfrac{8}{1} \times \dfrac{5}{8} = 2\dfrac{1}{2}$

(2) $\dfrac{4}{3} \times \dfrac{1}{4} \div \dfrac{3}{8} \div \dfrac{8}{3} = \dfrac{4}{3} \times \dfrac{1}{4} \times \dfrac{8}{3} \times \dfrac{3}{8} = \dfrac{1}{3}$

(3) $2\dfrac{1}{2} \times 3\dfrac{3}{4} \div 1\dfrac{7}{8} \div 3\dfrac{1}{8} = \dfrac{5}{2} \times \dfrac{15}{4} \div \dfrac{15}{8} \div \dfrac{25}{8}$

$= \dfrac{5}{2} \times \dfrac{15}{4} \times \dfrac{8}{15} \times \dfrac{8}{25}$

$= 1\dfrac{3}{5}$

塾テク 075 簡便法

差に分けて打ち消し合う計算の公式を覚えよう！

$A < B$ のとき，

$$\frac{1}{A \times B} = \left(\frac{1}{A} - \frac{1}{B}\right) \times \frac{1}{B-A}$$

チェック問題 □□□（　　　）

難易度：★★★
目安時間：5分

(1) $\dfrac{1}{2 \times 3} + \dfrac{1}{3 \times 4} + \dfrac{1}{4 \times 5} + \dfrac{1}{5 \times 6} + \dfrac{1}{6 \times 7}$

(2) $\dfrac{1}{2 \times 5} + \dfrac{1}{5 \times 8} + \dfrac{1}{8 \times 11}$

解説

(1) $\dfrac{1}{2} - \cancel{\dfrac{1}{3}} + \cancel{\dfrac{1}{3}} - \cancel{\dfrac{1}{4}} + \cancel{\dfrac{1}{4}} - \cancel{\dfrac{1}{5}} + \cancel{\dfrac{1}{5}} - \cancel{\dfrac{1}{6}} + \cancel{\dfrac{1}{6}} - \dfrac{1}{7}$

$= \dfrac{1}{2} - \dfrac{1}{7} = \underline{\dfrac{5}{14}}$

(2) $\left(\dfrac{1}{2} - \dfrac{1}{5}\right) \times \dfrac{1}{3} + \left(\dfrac{1}{5} - \dfrac{1}{8}\right) \times \dfrac{1}{3} + \left(\dfrac{1}{8} - \dfrac{1}{11}\right) \times \dfrac{1}{3}$

$= \left(\dfrac{1}{2} - \cancel{\dfrac{1}{5}} + \cancel{\dfrac{1}{5}} - \cancel{\dfrac{1}{8}} + \cancel{\dfrac{1}{8}} - \dfrac{1}{11}\right) \times \dfrac{1}{3}$

$= \left(\dfrac{1}{2} - \dfrac{1}{11}\right) \times \dfrac{1}{3}$

$= \dfrac{9}{22} \times \dfrac{1}{3} = \underline{\dfrac{3}{22}}$

塾テク 076 数の範囲

四捨五入する前の数は？

四捨五入した概数のもとの数の範囲
　→四捨五入した位が5以上5未満

チェック問題　□□□（　　　）

難易度：★★★
目安時間：4分

（1）ある町の人口は十の位を四捨五入すると9000人になります。この町の人口は何人以上何人以下ですか。

（2）小数第3位を四捨五入すると2.83と5.46になるような2つの小数があります。この2つの小数を加えた数はいくつ以上いくつ未満ですか。

解説

（1）もとの数の範囲は，8950以上9050未満だから，
　　　　　　　　　　　　　　　　　↑ここを以下に直す

　答えは，8950人以上9049人以下

（2）小数第3位を四捨五入して2.83と5.46になるような2つの小数のもとの数の範囲はそれぞれ，
　2.825以上2.835未満
　5.455以上5.465未満
　であるから，この2つの小数を加えた数の範囲は
　2.825＋5.455＝8.28（以上）
　2.835＋5.465＝8.3（未満）

塾テク 077 素数と素因数分解

整数をトコトン分解しよう！

- 素数→1とその数でしかわれない整数
    （1は素数ではない）
- 素因数分解→素数ではない整数を，素数のかけ算で表す
  〈手順〉
    ① 小さい素数で順にわり，答えを下にかいていく
    ② 答えが素数になったら，わり算をやめる
    ③ 左側と下に並ぶ数をかけ算の形で表す

チェック問題 □□□（　　　）

難易度：★
目安時間：2分

次の問いに答えなさい。

（1）50以下の整数のうち，素数は何個ありますか。

（2）666を素因数分解しなさい。

解説

（1）すべてかきだすと，

　　2，3，5，7，11，13，17，19，23，29，31，37，41，43，47の<u>15個</u>

（2）右の計算から，
　　666＝<u>2×3×3×37</u>

```
2 ) 666
3 ) 333
3 ) 111
      37
```

94

塾テク 078 公約数・公倍数

すだれ算で，共通してわれる数を探そう！

最大公約数・最小公倍数は，共通する数で逆わり算（すだれ算）をして求める
- 公約数は最大公約数の約数
- 公倍数は最小公倍数の倍数

チェック問題 □□□（　　　）

難易度：★
目安時間：3分

(1) 30と45と75の公約数をすべて求めなさい。

(2) 8と12と18の公倍数のうち，200以下の数をすべて求めなさい。

解説

(1) 右のすだれ算から，最大公約数は
　　$3 \times 5 = 15$
　　この15の約数を求めて，
　　<u>1, 3, 5, 15</u>

```
3 ) 30  45  75
5 ) 10  15  25
     2   3   5
```

(2) 右のすだれ算から，最小公倍数は，
　　$2 \times 2 \times 3 \times 2 \times 1 \times 3 = 72$
　　この72の倍数のうち，
　　200以下の数を求めると，<u>72, 144</u>

```
2 ) 8   12  18
2 ) 4    6   9
3 ) 2    3   9
     2    1   3
```

> 3つの数の最小公倍数は，3つの商のうちの2つがわれるときは，
> わり算を続け，われない数はそのまま下ろす。

塾テク 079 約数の個数

わり切れる数をかきだそう！

約数の個数の求め方

㋐　積の形でかきだす

㋑　素因数分解を利用。Aを素因数分解して，

$$A = \underbrace{a \times a \times \cdots \times a}_{x \text{個}} \times \underbrace{b \times b \times \cdots \times b}_{y \text{個}} \times \underbrace{c \times c \times \cdots \times c}_{z \text{個}} \times \cdots$$

となるとき，Aの約数の個数は，

$(x+1) \times (y+1) \times (z+1) \times \cdots$　（個）

チェック問題　□□□（　　　）

難易度：★
目安時間：2分

120の約数の個数は何個ですか。

解説

（解き方1）　**塾テク79-㋐**より，

1	2	3	4	5	6	8	10
×	×	×	×	×	×	×	×
120	60	40	30	24	20	15	12

以上より，求める個数は，<u>16個</u>

（解き方2）　**塾テク79-㋑**より，

$120 = \underbrace{2 \times 2 \times 2}_{3\text{個}} \times \underbrace{3}_{1\text{個}} \times \underbrace{5}_{1\text{個}}$

$(3+1) \times (1+1) \times (1+1) = \underline{16\text{（個）}}$

塾テク 080 倍数の個数

まずは，1からの範囲にある個数を考えよう！

整数AからBの中にある□の倍数の個数は，整数1からBの中にある□の倍数の個数から，整数1からA－1の中にある□の倍数の個数をひいて求める

チェック問題 □□□（　　　）

難易度：★★
目安時間：2分

100から200までの整数の中で，4の倍数はいくつありますか。

解説

1から200までの整数の中に，4の倍数は，
200÷4＝50（個）
1から99までの整数の中に，4の倍数は，
99÷4＝24あまり3より，24個

```
                4の倍数は50個
        ┌─────────────────────────┐
        1, 2, 3, ……99, 100, ……, 200
        └──────────┘
         4の倍数は24個
```

したがって，求める個数は，
50－24＝<u>26（個）</u>

塾テク 081 　倍数の組み合わせ

2種類の倍数は，ベン図をかこう！

- ベン図の重なり部分は公倍数の個数
- AまたはBでわり切れる個数
$$= \begin{pmatrix} Aの倍数 \\ の個数 \end{pmatrix} + \begin{pmatrix} Bの倍数 \\ の個数 \end{pmatrix} - \begin{pmatrix} AとBの公倍数 \\ の個数 \end{pmatrix}$$

チェック問題　□□□（　　　）

難易度：★★★
目安時間：3分

1から200までの整数の中で，4または5でわり切れる数は何個ありますか。

解説

右のベン図の色のついた部分で表される整数の個数を求める。

4の倍数の個数は，
$200 \div 4 = 50$（個）

5の倍数の個数は
$200 \div 5 = 40$（個）

4と5の公倍数（＝20の倍数）の個数は，
$200 \div 20 = 10$（個）

したがって，4または5でわり切れる数は，
$50 + 40 - 10 = \underline{80\,(個)}$

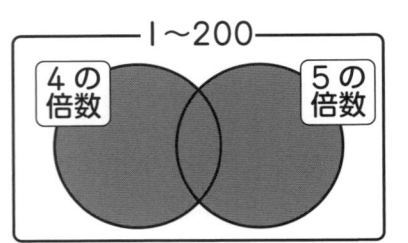

塾テク 082 倍数判定法

何の倍数か一瞬でわかる方法を覚えよう！

㋐ 下何けたかで考える

> 2の倍数→下1けたが偶数
> 4の倍数→下2けたが00か4の倍数
> 5の倍数→下1けたが0か5
> 8の倍数→下3けたが000か8の倍数

㋑ それぞれの位の数字の和で考える

> 3の倍数→各位の数字の和が3の倍数
> 9の倍数→各位の数字の和が9の倍数

チェック問題 □□□（　　　）

難易度：★★
目安時間：3分

次の（1）の4けたの数は4の倍数，（2）の5けたの数は9の倍数です。それぞれの□にあてはまる数をすべて求めなさい。

（1）59□2　（2）18□74

解説

（1）**塾テク82-㋐**より，下2けたの数が4の倍数になればよいから，□にあてはまる数は，1，3，5，7，9

（2）**塾テク82-㋑**より，それぞれの位の数字の和は，
　　1+8+□+7+4＝20+□
　　これが9の倍数になればよい。
　　よって，□にあてはまるのは7

塾テク 083 わり算とあまり - 基本 -

わる数は，あまりよりも大きいことを忘れずに！

あまりを取り除いた数の公約数のうち，あまりより大きい数を求める

チェック問題　□□□（　　　）

難易度：★★★
目安時間：4分

ある整数で153をわると9あまり，187をわると7あまり，221をわると5あまりました。ある整数にあてはまる数をすべて求めなさい。

解説

あまりを取り除くと，
153 − 9 = 144,
187 − 7 = 180,
221 − 5 = 216
144と180と216の最大公約数は，
右のすだれ算より，
2 × 2 × 3 × 3 = 36
公約数は最大公約数の約数だから，

```
2) 144  180  216
2)  72   90  108
3)  36   45   54
3)  12   15   18
     4    5    6
```

1	2	3	4	6
×	×	×	×	×
36	18	12	9	6

このうち，あまりの9より大きい数は，<u>12，18，36</u>

塾テク 084 わり算とあまり - 応用 -

あまりがわからない場合は，線分図を使おう！

わる数は差の公約数になる

チェック問題 □□□（　　　）

難易度：★★★★
目安時間：5分

113，165，243の3つの数をそれぞれある整数でわると，どれもわり切れず，あまりがどれも等しくなりました。わる数として考えられるものをすべて求めなさい。

解説

わる数をxとすると，あまりを除いた数はすべてxの倍数だから，差もxの倍数。

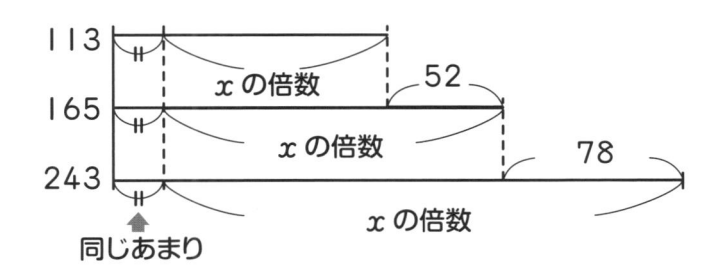

差の52や78もxの倍数だから，xは52と78の公約数
52と78の最大公約数は26
26の約数は，1，2，13，26
このうち，113，165，243をそれぞれわったときにあまりが出るものは，
<u>2，13，26</u>

塾テク 085 わり算とあまり - あまりが同じ -

わり算のあまりは加えて，不足はひく！

- あまりが等しい→公倍数＋あまり
  （または0）
- 不足が等しい→公倍数－不足

難易度：★★★
目安時間：6分

チェック問題 □□□（　　　）

(1) 3でわっても5でわっても2あまる整数のうち，2けたの数は何個ありますか。

(2) 4でわると1あまり6でわると3あまる整数のうち，小さい方から数えて3番目の数はいくつですか。

解説

(1) 3と5の最小公倍数15の倍数に2を加えた数である。
99÷15＝6あまり9より，求める個数は
15×1＋2，15×2＋2，15×3＋2，……，
15×6＋2の<u>6個</u>

(2) 4－1＝3，6－3＝3より，不足がそろっている。
この整数は3を加えると4と6の最小公倍数12の倍数になる数である。
小さい順に，
12×1－3，12×2－3，12×3－3，……
より，求める数は，12×3－3＝<u>33</u>

塾テク 086 わり算とあまり-あまりがちがう-

わり算のあまりも不足もちがうときは？

最小数+公倍数
└ かきだして見つける

チェック問題 □□□（　　　）

難易度：★★★★
目安時間：5分

3でわると1あまり，4でわると3あまる2けたの整数で最も大きいものはいくつですか。

解説

まず，最も小さい数は，いくつになるかをかきだして見つける。

3でわると1あまる整数は，

1,　4,　⑦,　10,　13,　16,　⑲, ……
　　+3　+3　+3　+3　+3　+3

4でわると3あまる整数は

3,　⑦,　11,　15,　⑲,　23, ……
　　+4　+4　+4　+4　+4

よって，上の2つの数列の両方に出てくる数のうち，最も小さいものは7であることがわかる。

この後は，3と4の最小公倍数の12ずつ増えていく。

⑦,　⑲,　㉛ ……
　+12　+12　+12

(99-7)÷12=7あまり8

より，求める数は，

7+12×7=<u>91</u>

103

塾テク 087 すだれ算 -応用-

すだれ算で条件を整理して,もとの2数を求める!

すだれ算を利用する
2つの整数A, Bの最大公約数をG, 最小公倍数をLとしてすだれ算で表すと,右のようになる。

A = G × ○
B = G × □

```
G ) A      B
  × ○  × □ = L
```

チェック問題 □□□(　　　)

難易度:★★★★
目安時間:5分

2けたの整数A, Bがあります。AはBより大きく, AとBの最大公約数は12, 最小公倍数は240です。このとき, Aはいくつですか。

解説

すだれ算で表すと,右のようになる。

```
12 ) A      B
   × ○  × □ = 240
```

12 × ○ × □ = 240 より,
○ × □ = 20
○ > □ より,
(○, □) = (20, 1), (10, 2), (5, 4)
このうち, (10, 2) は○と□が1以外にも公約数をもつのであてはまらない。
また, (20, 1) はAが3けたになるので, あてはまらない。
よって, (○, □) = (5, 4) より,
A = 12 × 5 = <u>60</u>

塾テク 088 公約数・公倍数 -応用-

「分数×分数＝整数」になる一番小さい分数は？

$\dfrac{□}{○} \times \dfrac{A}{B}$ と $\dfrac{□}{○} \times \dfrac{C}{D}$ がどちらも整数となる

最小の $\dfrac{□}{○}$ は，$\dfrac{BとDの最小公倍数}{AとCの最大公約数}$

チェック問題 □□□（　　　）

難易度：★★★★
目安時間：4分

ある分数は，$3\dfrac{11}{15}$ をかけても，$3\dfrac{16}{25}$ をかけても，答えが整数になります。このような分数のうち，最も小さいものを求めなさい。

解説

$3\dfrac{11}{15} = \dfrac{56}{15}$，$3\dfrac{16}{25} = \dfrac{91}{25}$

求める分数を $\dfrac{□}{○}$ とすると，

$\dfrac{□}{○} \times \dfrac{56}{15}$ と $\dfrac{□}{○} \times \dfrac{91}{25}$ がどちらも整数になるとき，

最小の $\dfrac{□}{○}$ は，

$\dfrac{15と25の最小公倍数}{56と91の最大公約数} = \dfrac{75}{7} = 10\dfrac{5}{7}$

塾テク 089 間の分数

分母または分子をそろえよう！

・分子を求めるときは，分母をそろえる
・分母を求めるときは，分子をそろえる

チェック問題 □□□（　　）

難易度：★★★
目安時間：6分

(1) $\dfrac{2}{3}$ より大きく $\dfrac{4}{5}$ より小さい分数のうち，分母が15である分数の分子を求めなさい。

(2) $\dfrac{5}{7}$ と $\dfrac{9}{11}$ の間にある分子が17になる分数の分母として考えられる数を，すべて求めなさい。

解説

(1) 分母を15にそろえると，$\dfrac{2}{3}=\dfrac{10}{15}$，$\dfrac{4}{5}=\dfrac{12}{15}$

この間にある分母が15の分数は，$\dfrac{11}{15}$ だから，答えは <u>11</u>

(2) 分子を17にそろえると，

$$\dfrac{5}{7} \xrightarrow[\times \frac{17}{5}]{\times \frac{17}{5}} \dfrac{17}{23\frac{4}{5}} \qquad \dfrac{9}{11} \xrightarrow[\times \frac{17}{9}]{\times \frac{17}{9}} \dfrac{17}{20\frac{7}{9}}$$

よって，分母は，$20\dfrac{7}{9}$ より大きく $23\dfrac{4}{5}$ より小さい整数だから，答えは <u>21，22，23</u>

塾テク 090 既約分数の和

ペアを作って，かきだそう！

・まず，分母を素因数分解して，どの数で約分できるかを探す
・1以下の既約分数（それ以上約分できない分数）の分子の並びには対称性があるので，ペアを作って和を求める

チェック問題 □□□（　　　）

難易度：★★
目安時間：3分

1以下の分数のうち，分母が30でこれ以上約分できない分数の和を求めなさい。

解説

分母の30を素因数分解すると，
30＝2×3×5だから，分子において約分できる数は2の倍数と3の倍数と5の倍数である。
よって，分子の1～30の数のうち，2の倍数，3の倍数，5の倍数になっているものを除いてかきだす。

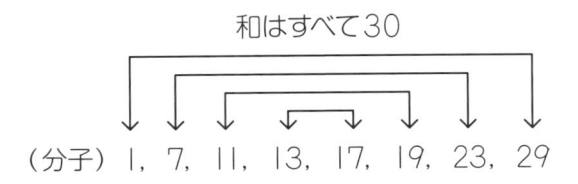

　　　　　　　和はすべて30

（分子）1，7，11，13，17，19，23，29

和が30になる2数の組が4組あるから，分子の和は，
30×4＝120

したがって，求める分数の和は，$\frac{120}{30} = \underline{4}$

塾テク 091 小数点移動

もとの小数を①として考えよう！

小数点を
右に移動→10倍, 100倍, ……

左に移動→$\frac{1}{10}$倍, $\frac{1}{100}$倍, ……

チェック問題 □□□（　　）

難易度：★★★
目安時間：3分

ある小数の小数点を右に1けたずらした数から，左に1けたずらした数をひいたところ，34.65になりました。もとの小数を求めなさい。

解説

もとの小数を①とすると,

小数点を右に1けたずらした数は, ①×10＝⑩

小数点を左に1けたずらした数は, ①×$\frac{1}{10}$＝$\left(\frac{1}{10}\right)$

この差の⑩－$\left(\frac{1}{10}\right)$＝$\left(\frac{99}{10}\right)$が34.65だから

もとの小数は,

$34.65 \div \frac{99}{10} = \underline{3.5}$

塾テク 092 単位分数の和

なるべく大きな単位分数をひいていこう！

・単位分数とは，分子が1の分数のこと

・$\dfrac{A}{B}$ を単位分数の和で表すには、$\dfrac{A}{B}$ から, $\dfrac{1}{2}$, $\dfrac{1}{3}$, $\dfrac{1}{4}$, ……の単位分数を大きい順にひいていく

チェック問題 □□□（　　　）

難易度：★★★
目安時間：6分

$\dfrac{3}{4}$ を2つの単位分数の和で表すと, $\dfrac{1}{2}+\dfrac{1}{4}$ になります。

これと同じようにして, $\dfrac{9}{10}$ を3つの単位分数の和で表しなさい。

解説

$\dfrac{9}{10}$ より小さい単位分数の中で，いちばん大きい分数は $\dfrac{1}{2}$

だから, $\dfrac{9}{10}-\dfrac{1}{2}=\dfrac{2}{5}$

$\dfrac{2}{5}\left(=\dfrac{1}{2.5}\right)$ より小さい単位分数の中で，いちばん大きい分数は

$\dfrac{1}{3}$ だから, $\dfrac{2}{5}-\dfrac{1}{3}=\dfrac{1}{15}$

以上より, $\dfrac{9}{10}=\underline{\dfrac{1}{2}+\dfrac{1}{3}+\dfrac{1}{15}}$

塾テク 093 連続する整数の積

「かけた回数」が「わり切れる回数」になる!

$A = \underbrace{3 \times 3 \times \cdots \times 3}_{N個} \times \square$

のとき,Aは3でN回わることができる

チェック問題 □□□(　　　)

難易度:★★★★
目安時間:5分

1から15までの整数を1回ずつかけ合わせた数をAとします。つまり,

　A=1×2×3×4×……×14×15

です。Aは2で何回わり切れますか。また,10では何回わり切れますか。

解説

かけてある数のうち,2でわり切れるのは,2,4,6,8,10,12,14の7個であるが,4(=2×2)は2で2回,8(=2×2×2)は2で3回,12(=2×2×3)は2で2回わり切れ,それ以外は2で1回ずつわり切れる。
したがって,Aを2でわり切れる回数は,
2+3+2+1×4=11(回)
10については,1×2×3×4×5のように,「2と5」が1組あれば,

10で1回わり切れる。かけてある数のうち,5でわり切れるのは,5,10,15の3個であるから,Aは5で3回わり切れる。
したがって,Aは2で11回,5で3回わり切れることから,10でわり切れる回数は,3回

塾テク 094 循環小数→分数

規則性のある小数は，簡単に分数に直せる！

$$0.AAA\cdots = \frac{A}{9}$$

$$0.ABAB\cdots = \frac{AB}{99}$$

$$0.ABCABC\cdots = \frac{ABC}{999}$$

チェック問題 □□□（　　　）

難易度：★★★
目安時間：4分

$\frac{1}{9} = 0.111\cdots$, $\frac{1}{99} = 0.010101\cdots$ です。

(1) $0.777\cdots + 0.161616\cdots$ を計算しなさい。

(2) $0.0666\cdots$ を分数で表しなさい。

解説

(1) $0.777\cdots = \frac{7}{9}$　　$0.161616\cdots = \frac{16}{99}$　と考える

ことができるから，

$$\frac{7}{9} + \frac{16}{99} = \underline{\frac{31}{33}}$$

(2) $0.0666\cdots = 0.666\cdots \times \frac{1}{10}$ と考えることがで

きるから，これを分数で表すと，$\frac{6}{9} \times \frac{1}{10} = \underline{\frac{1}{15}}$

5章
規則性の問題

塾テク 095 植木算

「木の数」と「間の数」の関係に注意しよう！

- ㋐ 道の両はしにも植える場合→間の数＝木の数－1
- ㋑ 道の両はしには植えない場合→間の数＝木の数＋1
- ㋒ 池のまわりに植える場合→間の数＝木の数

チェック問題 □□□（　　　）

難易度：★★
目安時間：3分

(1) さくらの木を5mの間かくでまっすぐに10本植えると, はしの木からはしの木までのきょりは何mですか。

(2) 池のまわりに, さくらの木が6mおきに30本植えてあります。また, さくらとさくらの間には, 1mおきにくいが打ってあります。この池のまわりの長さと打ってあるくいの本数を求めなさい。

解説

(1) **塾テク95-㋐**より, 間の数は, 10－1＝9であるから, 求めるきょりは,
$5 \times 9 = \underline{45}$ (m)

(2) **塾テク95-㋒**より, さくらとさくらの間の数は30だから, 池のまわりの長さは, $6 \times 30 = \underline{180}$ (m)
塾テク95-㋑より, さくらとさくらの間1つ分に打ってあるくいは,
$6 \div 1 - 1 = 5$ (本) になるから, 池のまわりに打ってあるくいは全部で,
$5 \times 30 = \underline{150}$ (本)

塾テク 096 周期算

「くり返し」を見つけて区切ろう！

全体の個数を1つの周期の中の個数でわって，「周期の数」と「あまりの個数」を求める

チェック問題　□□□（　　　）

難易度：★★★
目安時間：5分

ABACCABACCABACCA…… のように文字が規則的に並んでいます。

(1) 左から37番目の文字は何ですか。
(2) 左から84番目までにCは何個ありますか。

解説

まず，周期（同じ並び方のくり返し）を見つけ，縦線で区切る。

A B A C C ｜ A B A C C ｜ A B A C C ｜ A ……
　5個　　　　　5個　　　　　5個

(1) 1つの周期の中の文字の個数は5個だから，

　　$37 ÷ 5 = 7$ あまり 2
　　　　　　　↑　　　　　↘
　　　　　　周期　　　　A Ⓑ

　　よって，答えは B

(2) $84 ÷ 5 = 16$ あまり 4
　　　　　　　↑　　　　　↘
　　　　　　周期　　　A B A Ⓒ

　　1つの周期の中にCは2個ずつあるから，Cの個数は全部で，$2 × 16 + 1 = 33$（個）

塾テク 097　分数→循環小数

「くり返し」が出てくるまで計算してみよう！

分子を分母でわって小数に直し，数字の周期を見つける

チェック問題　□□□（　　　）

難易度：★★★★
目安時間：6分

$\frac{22}{7}$ を小数で表したとき，次の問いに答えなさい。

（1）小数第20位の数を求めなさい。
（2）小数第1位から小数第20位までに現れる数の和を求めなさい。

解説

（1）22÷7＝3.142857142857…

だから，小数点以下の数は「142857」の6個の数字のくり返し（周期）になる。

20÷6＝3あまり2

より，小数第20位の数は，
4周期目の2番目の数字だから，<u>4</u>

（2）1周期に現れる数の和は，
1＋4＋2＋8＋5＋7＝27
よって，求める和は，（1）より4周目の2番目の数までの和だから，
27×3＋1＋4＝<u>86</u>

塾テク 098　日暦算

「西向く士（さむらい），小の月」と覚えよう！

- 全日数を7でわったあまりから，何曜日にあたるか考える
- 小の月とは，日数が31日より少ない月のこと。
  2月は，28日（うるう年は29日）あり，4月，6月，9月，11月は30日ある。

```
2月，　4月，　6月，　9月，　11月
に　　　し　　　む　　　く　　　さむらい
```

難易度：★★★
目安時間：4分

チェック問題　□□□（　　　　　）

ある年の5月10日は水曜日です。この年の8月26日は何曜日ですか。

解説

5月10日から8月26日までの日数は，

(31−9)＋30＋31＋26＝109（日）
　5月　　6月　7月　8月

曜日は，5月10日の水曜日から始まる「水木金土日月火」の7日が1つの周期になっているので，

109÷7＝15あまり4
　　　　　　水木金土

よって，8月26日は土曜日

塾テク 099 数列 - 基本 -

数列の規則を探そう！

差をとる，比をとる，和をとる

チェック問題 □□□（　　　）

難易度：★★
目安時間：2分

次のように，ある規則にしたがって数が並んでいます。□にあてはまる数をそれぞれ求めなさい。

(1) 3, 4, 6, 9, □, 18, ……
(2) 1, 3, 9, □, 81, 243, ……
(3) 1, 1, 2, 3, 5, 8, 13, □, 34, ……

解説

(1) 3, 4, 6, 9, □, 18, ……
　　　+1　+2　+3　+4　+5

　□ = 9 + 4 = <u>13</u>

(2) 1, 3, 9, □, 81, 243, ……
　　　×3　×3　×3　×3　×3

　□ = 9 × 3 = <u>27</u>

(3) 1, 1, 2, 3, 5, 8, 13, □, 34, ……
（和の関係）

　□ = 8 + 13 = <u>21</u>

このように「2つ前の数 + 1つ前の数」で作られる数列をフィボナッチ数列という。

塾テク 100　等差数列

最も有名な数列の公式を覚えよう！

⑦　N番目の数＝初めの数＋増える数×（N－1）
⑦　等差数列の和＝（初めの数＋終わりの数）×個数÷2

チェック問題　□□□（　　　）

難易度：★★★
目安時間：4分

2, 5, 8, 11, 14, …… のように，あるきまりにしたがって整数が並んでいるとき，次の問いに答えなさい。

(1) 左から45番目の数を求めなさい。
(2) 左から45番目までの数の和を求めなさい。

解説

(1) 初めの数が2で，3ずつ増えていく等差数列になっている。

2, 5, 8, 11, 14, ……
　+3　+3　+3　+3

よって，**塾テク100-⑦**より，45番目の数は，
2＋3×（45－1）＝134

(2) (1)より，終わりの数は134
よって，**塾テク100-⑦**より45番目までの数の和は，
（2＋134）×45÷2＝3060

次の ①〜③ の等差数列の和は，覚えておくと便利です。

① 1＋2＋3＋4＋ …… ＋10＝55
② 1＋2＋3＋4＋ …… ＋13＝91→100に近い！
③ 1＋2＋3＋4＋ …… ＋20＝210→200に近い！

塾テク 101 分数列

「分母だけ」「分子だけ」に着目してみる!

- 整数や約分された分数は,約分される前の分数に直して規則性を見つける
- 分母,分子それぞれが数列になっている場合が多い

チェック問題 □□□( )

難易度:★★★
目安時間:5分

次の(1),(2)のように,ある規則にしたがって分数が並んでいます。□にあてはまる数をそれぞれ求めなさい。

(1) $1,\ \dfrac{4}{5},\ \dfrac{3}{4},\ \dfrac{\Box}{11},\ \dfrac{5}{7},\ \dfrac{12}{17},\ \cdots\cdots$

(2) $\dfrac{1}{6},\ \dfrac{1}{3},\ \dfrac{1}{2},\ \dfrac{5}{6},\ \dfrac{4}{3},\ \Box,\ \dfrac{7}{2},\ \cdots\cdots$

解説

(1) 分子と分母が等差数列になるように,それぞれの分数を約分される前の分数に直すと下のようになる。

$$\dfrac{2}{2},\ \dfrac{4}{5},\ \dfrac{6}{8},\ \dfrac{\Box}{11},\ \dfrac{10}{14},\ \dfrac{12}{17},\ \cdots$$

分子は +2 ずつ,分母は +3 ずつ。よって,□ = 6 + 2 = __8__

(2) 分母を6にそろえると,分子がフィボナッチ数列(**塾テク 99**)になっている。

$$\dfrac{1}{6},\ \dfrac{2}{6},\ \dfrac{3}{6},\ \dfrac{5}{6},\ \dfrac{8}{6},\ \dfrac{\blacksquare}{6},\ \dfrac{21}{6},\ \cdots\cdots$$

和 →

よって,■ = 5 + 8 = 13 したがって,□ = $\dfrac{13}{6}$

塾テク 102　群数列

区切りを入れて，組み分けしよう！

・組に分けて，組の番号と数列との関係を見つける
・数列の和は，各組ごとの和を求めて合計する

チェック問題　□□□（　　　）

難易度：★★★★
目安時間：8分

次のように，あるきまりにしたがって数が並んでいます。

　3，2，1，4，3，2，5，4，3，6，5，……

（1）初めて15が現れるのは，初めから数えて何番目ですか。

（2）初めから数えて30番目までの数の和はいくつですか。

解説

まず，3つずつに区切って，組に分ける。

3，2，1，	4，3，2，	5，4，3，	6，5，……
1組	2組	3組	4組　……

（1）初めて15が現れるのは，(15, 14, 13) の組だから，13組の1番目。

　　よって，初めから数えて，3×12+1=<u>37（番目）</u>

（2）30÷3=10（組）までの和を求めればよい。

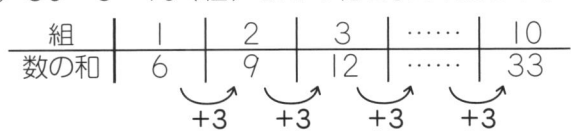

組	1	2	3	……	10
数の和	6	9	12	……	33

　　　　　　+3　+3　+3　　　+3

10組の和は，6+3×9=33

したがって，求める数の和は，**塾テク100**-⑦より，

(6+33)×10÷2=<u>195</u>

121

塾テク 103 わり切れない数の列

かきだすと，規則が見えてくる！

- AでもBでもわり切れない数→AとBの最小公倍数までかきだす
- 「公倍数から公倍数の中の数字の並びは全て同じ」であることから，周期性を利用する

チェック問題 □□□（　　　）

難易度：★★★★
目安時間：5分

2でも5でもわり切れない整数を並べたとき，小さい方から数えて30番目の数はいくつですか。

解説

2と5の最小公倍数は10だから，整数を10個ずつ区切っていくと，周期が見える。

① 2 ③ 4 5 6 ⑦ 8 ⑨ 10 ⎫
⑪ 12 ⑬ 14 15 16 ⑰ 18 ⑲ 20 ⎬ 同じ並び
⋮ ⋮ ⋮ ⋮ ⋮ ⋮ ⋮ ⋮ ⋮ ⋮

1周期の中にあてはまる数が4個ずつあるから
30÷4＝7（周期）　あまり2
　　周期の中の2番目の数 ←┘

周期の中の2番目の数は，右のように，初めの数が3で，あとは10ずつたしていく等差数列になっているから，求める数（右の数列のx）は
3＋10×（8−1）
＝3＋10×7
＝<u>73</u>

	2番目の数
1周期目	③
2周期目	⑬
⋮	⋮
7周期目	◯
8周期目	x

塾テク 104 周期の組み合わせ

「電球の点めつ」も最小公倍数で求めよう!

周期の異なる2つ以上のものをいっしょにした全体の周期は、それぞれの周期の最小公倍数になる

チェック問題 □□□（　　　）

難易度：★★★★
目安時間：5分

赤と青の電球があり、スイッチを入れると2つが同時につきます。そして、赤の電球は2秒間ついては1秒間消えるということをくり返し、青の電球は3秒間ついては1秒間消えるということをくり返します。スイッチを入れてから100秒後までに、両方の電球が同時についている時間は、全部で何秒間ですか。

解説

それぞれの電球の点めつの周期は、

$$\begin{cases} 2+1=3(秒) & \cdots\cdots \quad 赤 \\ 3+1=4(秒) & \cdots\cdots \quad 青 \end{cases}$$

2つの電球を合わせた点めつの周期は（3と4の最小公倍数の）12秒である。

そこで、この12秒間のそれぞれの電球の点めつ状態を調べると、次のようになる。

	1	2	3	4	5	6	7	8	9	10	11	12 (秒)
赤	○	○	×	○	○	×	○	×	○	○	×	×
青	○	○	○	×	○	○	○	×	○	○	○	×

100÷12=8あまり4

より、8周期とあまりが4秒だから、求める時間は、

6×8+2=<u>50（秒間）</u>

塾テク 105 有名な数 -三角数-

ボーリングのピンの並びは，三角数！

1から始まる連続した整数の和

（1番目）　（2番目）　（3番目）　（4番目）　……

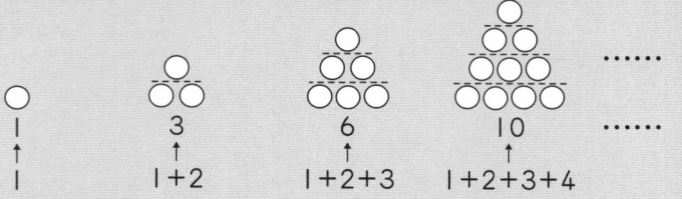

```
                                         ○
                            ○         ○○
                ○        ○○        ○○○
   ○         ○○      ○○○     ○○○○
   1           3           6          10
   ↑           ↑           ↑           ↑
   1         1+2        1+2+3       1+2+3+4
```

N番目の三角数＝（1＋N）×N÷2

チェック問題 □□□（　　　）

難易度：★★★
目安時間：4分

次の □ にあてはまる数を求めなさい。

（1）15番目の三角数は □ です。

（2）200に最も近い三角数は □ と □ です。

解説

（1）1＋2＋3＋……＋15＝（1＋15）×15÷2＝<u>120</u>

（2）（1＋N）×N÷2＝200

　　（1＋N）×N＝400
　　　↑　　↑
　　　　差1

　　差が1である2つの数で，積が400に近くなるものを調べる。

　　20×19＝380 → 380÷2＝190（1から19までの和）
　　21×20＝420 → 420÷2＝210（1から20までの和）
　　よって答えは，<u>190</u>と<u>210</u>

124

塾テク 106 有名な数 - 四角数 -

奇数列の和は四角数（平方数）！

1から始まる連続した奇数の和

(1番目)	(2番目)	(3番目)	(4番目)	……
○	○○ ○○	○○○ ○○○ ○○○	○○○○ ○○○○ ○○○○ ○○○○	……
1(=1×1)	4(=2×2)	9(=3×3)	16(=4×4)	……
↑	↑	↑	↑	
1	1+3	1+3+5	1+3+5+7	

N番目の四角数 = N×N

チェック問題　□□□（　　　）

難易度：★★
目安時間：3分

次の □ にあてはまる数を求めなさい。

(1) 1+3+5+7+9+11+……+39 = □

(2) □ 番目の四角数（平方数）は、529です。

解説

(1) (39+1)÷2 = 20 → 39は20番目の奇数
　　よって、□ = 20×20 = <u>400</u>

(2) 20×20 = 400, 30×30 = 900 より、求める数の十の位は2
　　529の一の位は9だから、求める数の一の位は3か7
　　以上のことから、23×23 = 529 とわかる。
　　よって、□ = <u>23</u>

125

塾テク 107 数表 - 三角形状に並べる -

三角数を見つけて，たどって考える！

三角数に着目する（ 塾テク105 参照）

チェック問題 □□□（　　　）

難易度：★★★
目安時間：6分

右のように整数を規則正しく三角形状に並べていきます。上から順に1段目，2段目，…と呼ぶことにします。例えば，8は上から4段目の左から2番目です。このとき，次の問いに答えなさい。

```
       1
      2 3
     4 5 6
    7 8 9 10
  11 12 13 14 15
       ……
```

(1) 上から11段目の左から4番目の数は何ですか。
(2) 100は上から何段目の左から何番目に並んでいますか。

解説

各段の右はしの数が「三角数」になっていることに着目して考える。

```
       ①
      2 ③
     4 5 ⑥
    7 8 9 ⑩
  11 12 13 14 ⑮
       ……
```

(1) 上から10段目の右はしの数は，
　　$(1+10) \times 10 \div 2 = 55$
　　よって，上から11段目の左から4番目の数は，
　　$55 + 4 = \underline{59}$

(2) 100に近い三角数を探すと，
　　$(1+13) \times 13 \div 2 = 91$ → 13段目の右はしの数
　　$100 - 91 = 9$ → 9番目
　　とわかるので，100は<u>上から14段目の左から9番目</u>

塾テク！108　数表 - 正方形状に並べる -

四角数を見つけて，たどって考える！

四角数（平方数）に着目する（塾テク106 参照）

難易度：★★★
目安時間：6分

チェック問題　□□□（　　　）

右の表のように整数を１から順に並べました。この表では，11は上から2行目，左から4列目にあります。これについて，次の問いに答えなさい。

1	2	5	10	17	·
4	3	6	11	18	·
9	8	7	12	·	·
16	15	14	13	·	·
·	·	·	·	·	·

（１）上から７行目，左から３列目の数は何ですか。

（２）85は上から何行目，左から何列目にありますか。

解説

各行の左はしの数が「四角数」になっていることに着目して考える。

①	2	5	10	17	·
④	3	6	11	18	·
⑨	8	7	12	·	·
⑯	15	14	13	·	·
·	·	·	·	·	·

（１）上から７行目の左はしの数は

$7 \times 7 = 49$

よって，上から７行目，左から３列目の数は，$49 - 2 =$ <u>47</u>

（２）85に最も近い四角数は

$9 \times 9 = 81$

↑９行目の左はしの数

よって，右の表より，85は，<u>上から４行目，左から10列目</u>

	1列目	2列目	3列目	4列目	…	9列目	10列目
1行目	①	2	5	10	·		82
2行目	④	3	6	11	·		83
3行目	⑨	8	7	12	·		84
4行目	⑯	15	14	13	·		85
…	·	·	·	·	·		
9行目	㉛81	80 ←					

塾テク 109　おまけの問題

規則性をオセロの図にしよう！

「おまけにもらった1本を空きビンと組み合わせると，1本もらえる」と考える

チェック問題　□□□（　　　）

難易度：★★★★
目安時間：5分

ジュースの空きビン4本を持っていくと，おまけとして新しいジュース1本に交換してくれるお店があります。
150本のジュースを飲むには，最低何本買えばよいですか。

解説

4本単位で考えると，
150÷4＝37あまり2
より，下のような図をかいて考える。

（最初の4本でおまけを1本もらう）

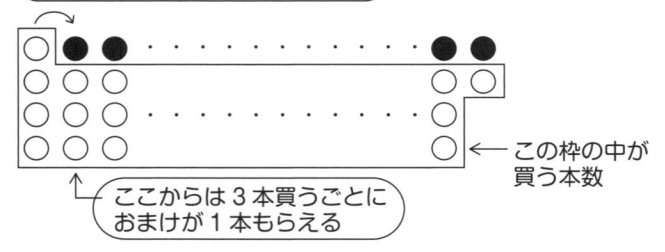

（ここからは3本買うごとにおまけが1本もらえる）

← この枠の中が買う本数

おまけで飲める本数（●の個数）は，
37－1＋1＝37（本）
よって，求める本数は，　150－37＝113（本）

塾テク 110 方陣算 -ご石並べ-

4つのブロックに分けよう!

⑦中実方陣……まわりの個数＝（１辺の個数－１）×４
④中空方陣
　右の図のように４つのブロックに
　分けて考える

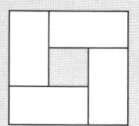

チェック問題 □□□（　　　）

難易度：★★★
目安時間：５分

(1) 144個のご石をぎっしりと並べて、正方形を作りました。この正方形のいちばん外側のひとまわりには何個のご石が並んでいますか。

(2) ご石192個を４列の中空方陣に並べました。中の空いているところにご石をすきまなく並べるには、あと何個のご石が必要ですか。

解説

(1) $144=12×12$ より、正方形の１辺に並ぶご石の数は12個になる。
　　よって、**塾テク110 -⑦**より、
　　$(12-1)×4=\underline{44（個）}$

(2) **塾テク110 -④**より、右の図のように４つのブロックに分けると、１つのブロック内の個数は、 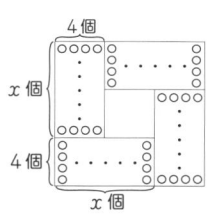
　　$192÷4=48$（個）より、$x=48÷4=12$（個）
　　よって、中の空いているところの１辺の個数は、
　　$12-4=8$（個）になるから、求める個数は、
　　$8×8=\underline{64（個）}$

塾テク 111 図形の規則性 - ご石並べ -

五角形のご石並べも区切ると簡単！

ご石を並べて正N角形を作るとき
㋐ まわりの個数＝（1辺の個数－1）×N
㋑ 全部の個数は「三角数」や「四角数」を意識して計算
　　　　　　　　↑　　　　　　↑
　　　　　塾テク105　　塾テク106

チェック問題 □□□（　　　）

難易度：★★★★
目安時間：5分

下図のように，1番目に1個のご石をおき，2番目からは正五角形状にご石を並べていきます。

（1番目）　（2番目）　（3番目）　（4番目）　……

これについて，次の問いに答えなさい。

（1） 12番目の正五角形の外側の1まわりに並んでいるご石の数は何個ですか。
（2） 12番目の正五角形には全部で何個のご石が並んでいますか。

解説

（1） **塾テク111**-㋐より，(12－1)×5＝<u>55（個）</u>

（2） **塾テク111**-㋑より，右の図のように区切って考えると，11番目までの三角数が5つ分と真ん中のご石1個の合計になるから，

(1＋11)×11÷2×5＋1＝<u>331（個）</u>
　↑　　　　　　　　　↑
1から11までの和　　真ん中のご石

塾テク 112 図形の規則性 -棒並べ-

棒は全部で何本必要？

番目の数が1増えるごとに，棒が何本増えるか調べる

> 棒の本数＝初めの本数＋増える本数の合計

チェック問題 □□□（　　　）

難易度：★★★★
目安時間：4分

同じ長さの棒を使って，右のような形を作っていきます。7番目の形に使われている棒は，全部で何本ですか。

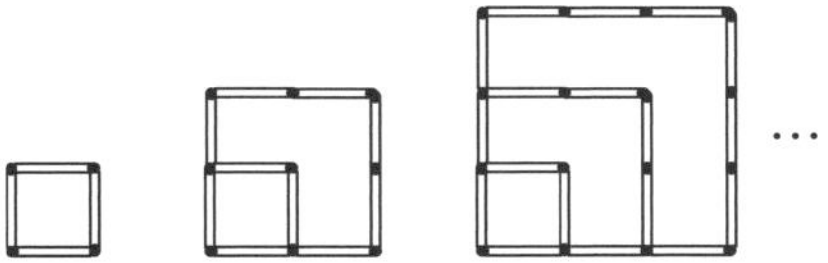

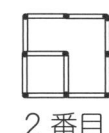

1番目　2番目　3番目　…

解説

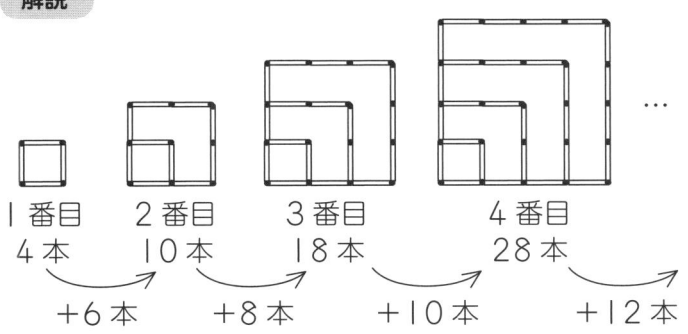

1番目	2番目	3番目	4番目	…
4本	10本	18本	28本	

　　　+6本　　+8本　　+10本　　+12本

塾テク112より，7番目の形に使われている棒の本数は，

4＋6＋8＋10＋12＋14＋16＝(4＋16)×7÷2＝<u>70（本）</u>

↑初めの本数　↑増える本数の合計　　　**塾テク100** 等差数列の和

塾テク 113 N進数

「N進数⇄10進数」の計算法は？

N個ずつ数を束ねる

チェック問題 □□□（　　）

難易度：★★★★
目安時間：8分

0，1，2の3種類の数字を使って1以上の整数を作り，次のように小さい順に並べました。

1，2，10，11，12，20，21，22，100，101，……

（1）42番目の数はいくつですか。
（2）11120は最初から数えて，何番目の数ですか。

解説

0，1，2の3種類の数字しか使わないから，「3進数」である。

　　　　　　3集まるごとに，1つ上の位へ上がる数 ↲

（1）42を3個ずつ束ねていくと，右のように1120となるから，10進数の42を3進数で表すと，1120になる。したがって，この数列の42番目の数は，<u>1120</u>

```
3) 42
3) 14 … 0 ↑
3)  4 … 2
    1 … 1
```

（2）3進数の11120を10進数で表す。
　　　81×1＋27×1＋9×1＋3×2＋1×0＝123
　　　したがって，11120は最初から数えて<u>123番目</u>

```
 1    1    1    2    0
 ↑    ↑    ↑    ↑    ↑
81の位 27の位 9の位 3の位 1の位
              └3×3
         └3×3×3
    └3×3×3×3
```

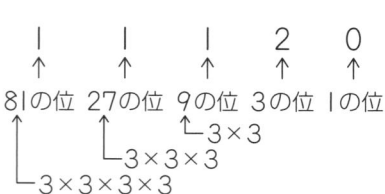

132

6章
場合の数の問題

塾テク 114　積の法則

何通りあるかは，かけ算の式で求められる！

A→Bがx通り，B→Cがy通りならば
A→B→Cは，　$x \times y$通り

チェック問題　□□□（　　）

難易度：★★★
目安時間：3分

A地点からB地点を通ってC地点まで，右の図のような道路があります。これについて，次の問いに答えなさい。

（1）A地点からC地点まで行く方法は，全部で何通りありますか。

（2）行きに通った道路を帰りには通らないでAC間を往復する方法は，全部で何通りありますか。

解説

（1）AからBまでの道路の選び方は5通り，BからCまでは3通りあるから，
　　　5×3＝<u>15</u>（通り）

（2）帰りに通れる道路は，CB間が
　　　3－1＝2（通り）
　　　BA間が
　　　5－1＝4（通り）
　　　したがって，全部で
　　　15×2×4＝<u>120</u>（通り）

塾テク 115 カードの並べ方 -異なる数字-

一番大きな位には，0は使えない！

すべて異なる数字のカードから何枚か選んで並べる問題では，一番大きな位には0が使えないことに注意して，積の法則を利用

チェック問題　□□□（　　　）

難易度：★★★
目安時間：3分

⓪，①，②，③の4枚のカードの中から3枚選んで並べて3けたの整数を作ります。

（1）3けたの整数は全部で何通りできますか。

（2）偶数は何通りできますか。

解説

（1）　(百の位) 　(十の位) 　(一の位)
　　　　3　×　3　×　2　＝ 18（通り）
　　　↑
　　　└ 0 は除く

（2）偶数は，一の位が0か2の場合にできる。

　　一の位が0のとき，

　　(百の位)　(十の位)
　　　3　×　2　＝ 6（通り）

　　一の位が2のとき，

　　(百の位)　(十の位)
　　　2　×　2　＝ 4（通り）
　　↑
　　└ 0 は除く

よって，偶数は全部で，6＋4＝ 10（通り）

塾テク 116 カードの並べ方 - 同じ数字 -

樹形図をかいて，パターンを調べよう！

同じ数字があるときは，その個数に注意して，「樹形図」をかいて調べる

チェック問題　□□□（　　　）

難易度：★★★
目安時間：4分

[1], [2], [2], [3], [3]の5枚のカードの中から3枚選んで並べたとき，3けたの整数は何通りできますか。

解説

[2]が2枚，[3]が2枚あるので，積の法則は使えない。

よって，左から順に百の位，十の位，一の位として樹形図に表す。

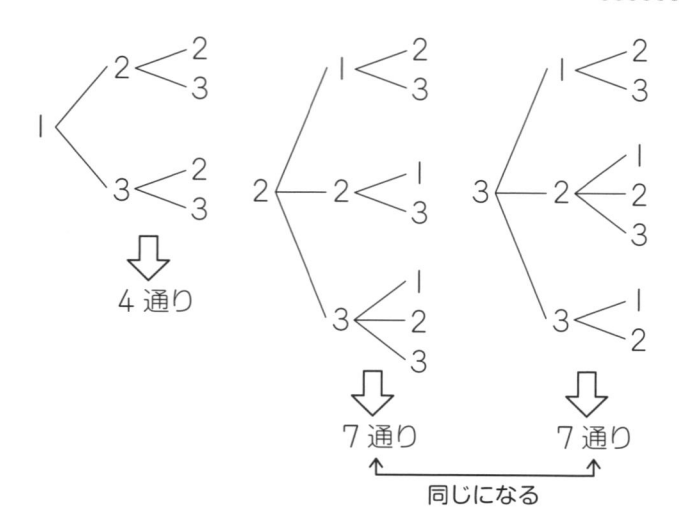

```
   ┌2─┬2
   │  └3
1─┤
   └3─┬2
      └3

⇒ 4通り
```

```
      ┌2
   1─┤
      └3

      ┌1
2─2─┤
      └3

      ┌1
   3─┼2
      └3

⇒ 7通り
```

```
      ┌2
   1─┤
      └3

      ┌1
   2─┼2
      └3

3─
      ┌1
   3─┤
      └2

⇒ 7通り
```

同じになる

以上より，　4 + 7 + 7 = <u>18（通り）</u>

136

塾テク 117 ごばんの目の道順

「かき込み方式」で道順を調べあげよう！

各交差点までの進み方の数をかきこんで調べる

チェック問題 □□□（　　　）

難易度：★★
目安時間：4分

右の図のように，A地からB地までごばんの目のように道が通っている町があります。このとき，A地からB地まで遠回りをしないで行く道順について，次の問いに答えなさい。

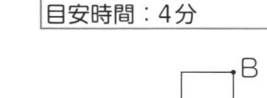

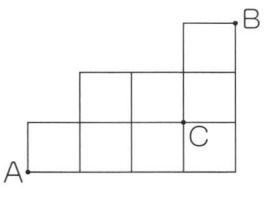

（1） A地からB地まで行く道順は，全部で何通りありますか。

（2） A地からB地まで，途中のC地を通って行く道順は，全部で何通りありますか。

解説

（1） 各交差点までの進み方の数をかきこんでいくと右の図1のようになる。
Bには23とかかれているから，答えは，23通り

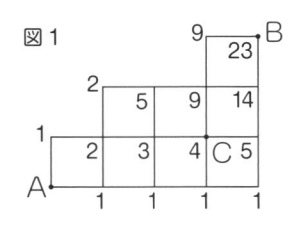

（2） 右の図2より，
　　　A～Cは　4通り
　　　C～Bは　3通り
　　　よって，積の法則より
　　　4×3＝12（通り）

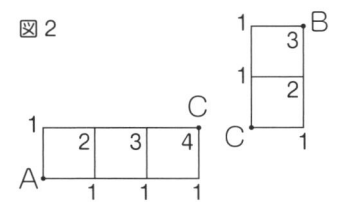

塾テク 118　組み合わせ -2個を選ぶ-

2でわって，ダブリをなくす！

異なる □ 個のものから2個を選ぶ選び方の数は，

$$\frac{\Box \times (\Box - 1)}{2 \times 1} \text{ 通り}$$

チェック問題　□□□（　　　）

難易度：★★
目安時間：4分

次の問いに答えなさい。

（1）4人の生徒から2人の図書係を選ぶ選び方は何通りありますか。

（2）A, B, C, D, Eの5チームがサッカーの総あたり戦をするとき，全部で何試合行われることになりますか。

（3）7人の生徒から委員長1人と副委員長2人を選ぶ選び方は何通りありますか。

解説

（1）$\dfrac{4 \times 3}{2 \times 1} = \underline{6\,(通り)}$

（2）5チームから2チームを選ぶ選び方の数と同じだから，

$\dfrac{5 \times 4}{2 \times 1} = \underline{10}\,（通り）$

（3）委員長の選び方は7通り

副委員長の選び方は，残り6人から2人を選ぶから，

$\dfrac{6 \times 5}{2 \times 1} = 15$ （通り）

したがって，全部で，$7 \times 15 = \underline{105}\,（通り）$

塾テク 119 組み合わせ-3個を選ぶ-

6でわって，ダブりをなくす！

異なる □ 個のものから3個を選ぶ方法の数は，

$$\frac{□×(□-1)×(□-2)}{3×2×1} \text{ 通り}$$

チェック問題 □□□（　　）

難易度：★★★
目安時間：4分

次の問いに答えなさい。

(1) 8人の生徒から3人のそうじ当番を選ぶ選び方は何通りありますか。

(2) 右の図のように，三角形ABCの辺AB，BC，CA上にそれぞれ1個，2個，3個の点があります。この6個の点のうち3個を結んでできる三角形は全部で何個ありますか。

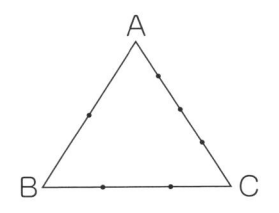

解説

(1) $\dfrac{8×7×6}{3×2×1} = \underline{56\text{（通り）}}$

(2) 三角形ABCの3辺上の6個の点のうち3個を選ぶ選び方の数は，

$\dfrac{6×5×4}{3×2×1} = 20$ （通り）

このうち，辺AC上の3点を選んだ場合は三角形ができないから，求める個数は，$20-1=\underline{19\text{（個）}}$

塾テク 120 数え方の工夫

選ばれない方を数えよう！

選び方を数えるとき，選ばれない残りの方が少ない場合は，残りの方の組み合わせの数を考える

チェック問題 □□□（　　　）

難易度：★★
目安時間：3分

次の問いに答えなさい。

(1) A, B, C, D, Eの5種類のケーキが1つずつあります。この中から3つ選ぶとき，選び方は全部で何通りありますか。

(2) 男子5人,女子7人の中から男子4人,女子4人を選ぶとき，その選び方は全部で何通りありますか。

解説

(1) 5個から3個選ぶ選び方の数は，残り2個を選ぶ選び方の数と等しいから，

$$\frac{5\times 4}{2\times 1}=\underline{10}\text{（通り）}$$

(2) 男子5人から4人選ぶ選び方の数は，残り1人を選ぶ選び方の数と等しいから，5通り

女子7人から4人選ぶ選び方の数は，残り3人を選ぶ選び方の数と等しいから，

$$\frac{7\times 6\times 5}{3\times 2\times 1}=35\text{（通り）}$$

したがって，全部で，$5\times 35=\underline{175}$（通り）

塾テク 121 カードの並べ方 -3の倍数-

それぞれの位の数字をたすと、3の倍数になる！

それぞれの位の数字の和が3の倍数になる数字の組を作り、それぞれの数字の並べ方を考える

チェック問題　□□□（　　　）

難易度：★★★★
目安時間：5分

0, 1, 2, 3, 4の数字が1つずつかかれた5枚のカードがあり、この中から3枚を選んで3けたの数を作ります。3の倍数は全部で何個作ることができますか。

解説

和が3の倍数になる3つの数字の組は、
(0, 1, 2), (0, 2, 4), (1, 2, 3), (2, 3, 4)
の4組ある。

・(0, 1, 2), (0, 2, 4)の組での数字の並べ方は、どちらの組も、

（百の位）　　（十の位）　　（一の位）
　2　　×　　2　　×　　1　　＝4（通り）ずつ

・(1, 2, 3), (2, 3, 4)の組での数字の並べ方は、どちらの組も、

（百の位）　　（十の位）　　（一の位）
　3　　×　　2　　×　　1　　＝6（通り）ずつ

よって、3の倍数は全部で
4×2＋6×2＝<u>20（個）</u>

塾テク 122 カードの並べ方 -4の倍数-

下2けたが，00か4の倍数になる！

4の倍数になるのは，下2けたが00か4の倍数であることから，下2けたの数で場合分けして，残りの位の数字の決め方を考える

チェック問題 □□□（　　　）

難易度：★★★★
目安時間：5分

0，1，2，3，4の数字が1つずつかかれた5枚のカードがあり，この中から3枚を選んで3けたの数を作ります。4の倍数は全部で何個作ることができますか。

解説

4の倍数は，下2けたが00か4の倍数になる。下2けたを作るために，2枚のカードを並べてできる4の倍数は，
04，12，20，24，32，40
の6通りあるから，それぞれについて，百の位の数が何通りあるかを調べると下のようになる。

（下2けた）　　　　　　（百の位の数）
- 04　→　1，2，3の3通り
- 12　→　3，4の2通り
- 20　→　1，3，4の3通り
- 24　→　1，3の2通り
- 32　→　1，4の2通り
- 40　→　1，2，3の3通り

よって，4の倍数は全部で，$3 \times 3 + 2 \times 3 = \underline{15}$（個）

塾テク 123 図形の個数

図形をモレなくダブリなく数えるには？

図形を1つ見つけたら，
- 向きはそのままで，動かしてみる
- 向きを変えてみる

チェック問題 □□□（　　　）

難易度：★★★★
目安時間：5分

右の図は，正三角形を9個組み合わせた図形です。この図形の中に台形は何個ありますか。ただし，ひし形や平行四辺形は除きます。

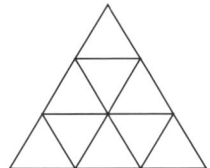

解説

右の図のように，向きや大きさで場合分けして調べる。
⑦，⑥，⑨の台形は3個ずつある。①，③，⑰の台形は1個ずつある。
以上と同じように考えると，⑤や⑰の台形も，
それぞれ3つの向きが考えられるので，3個ずつある。
したがって，台形は全部で，
3×3＋1×3＋3×2
＝18（個）

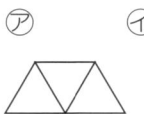

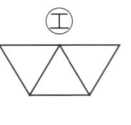

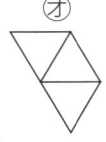

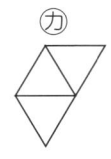

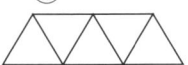

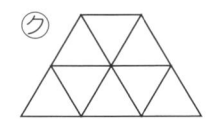

7章
平面図形の問題

塾テク 124 多角形

多角形に関する公式を覚えよう!

㋐ N角形の内角の和＝180°×(N−2)
㋑ N角形の外角の和＝360°
㋒ N角形の対角線の本数＝(N−3)×N÷2

チェック問題 □□□（　　）

難易度：★
目安時間：2分

正八角形について次の問いに答えなさい。

(1) 内角の和は何度ですか。
(2) 外角の和は何度ですか。
(3) 対角線は全部で何本ひけますか。

解説

(1) **塾テク124-㋐**より, 180×(8−2)＝<u>1080（度）</u>
　　　　　　　　　　　　↑三角形に分けたときの
　　　　　　　　　　　　　三角形の個数

(2) **塾テク124-㋑**より, 何角形でも外角の和は, <u>360度</u>

(3) **塾テク124-㋒**より, (8−3)×8÷2＝<u>20（本）</u>
　　　　　　　　　　　　↑1つの頂点からひける本数

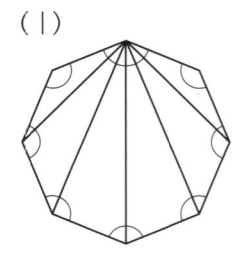

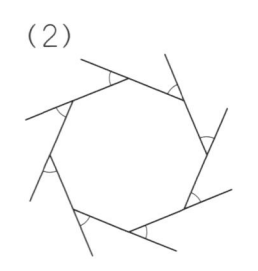

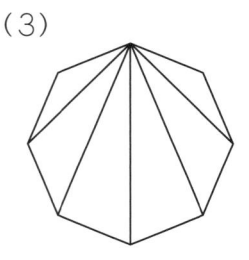

塾テク 125 三角形の外角定理

三角形のルールを覚えよう！

三角形の外角は，となり合わない
2つの内角の和に等しい

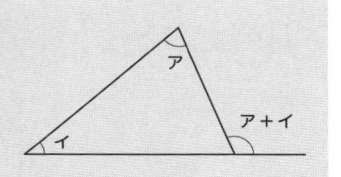

チェック問題 □□□（　　　）

難易度：★
目安時間：2分

下図で，ABとACの長さが等しく，AD, DB, BCの長さもすべて等しくなっています。角xの大きさは何度ですか。

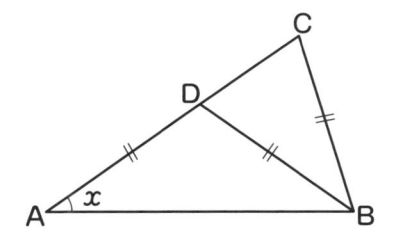

解説

右の図で，角xの大きさを①とすると，
角ABDの大きさも①である。
このとき，角CDBの大きさは，
①＋①＝②となるから，
角DCB，角ABCの大きさも，それぞれ②となる。
したがって，三角形ABCの内角の和に着目して，
①＋②＋②＝180度より，
①＝180÷5＝<u>36（度）</u>

塾テク 126 おうぎ形の折り返し

弧の上の特別な点は中心と結ぶ！

弧の上の点と中心を結ぶと正三角形と二等辺三角形ができる

チェック問題 □□□（　　　）

難易度：★★★
目安時間：5分

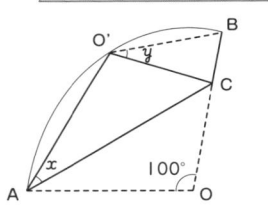

右の図は，おうぎ形OABを直線ACを折り目として折り返したものです。

（1）角xの大きさは何度ですか。
（2）角yの大きさは何度ですか。

解説

（1）右の図のように弧の上の点O′と中心Oを結ぶと，三角形AOO′は1辺の長さが半径の正三角形になるから，角xの大きさは，60÷2＝<u>30（度）</u>

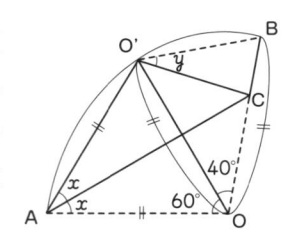

（2）三角形O′OBはO′O＝BOの二等辺三角形になり，角O′OBの大きさは（100－60＝）40度だから，角OO′Bの大きさは，
（180－40）÷2＝70（度）
また，三角形O′OCもCO′＝COの二等辺三角形になるから，角CO′O＝40度
したがって，角yの大きさは，70－40＝<u>30（度）</u>

塾テク 127 円のまわりのひもの長さ

弧になる部分をはっきりさせよう！

ひもを直線部分と曲線部分に分けて考える
└─合わせると円1つ分になる

チェック問題 □□□（　　　）

難易度：★★★
目安時間：5分

右の図のように，半径5cmの円をそれぞれが接するように5個並べ，そのまわりにひもをかけました。このひもの長さを求めなさい。ただし，円周率は3.14とします。

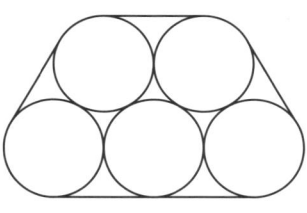

解説

右の図のように，ひもを直線部分ア，イ，ウ，エと曲線部分に分けて考える。

ア，イ，ウの長さはすべて円の半径の2つ分，エの長さは円の半径の4つ分になっているから，これらの合計は，

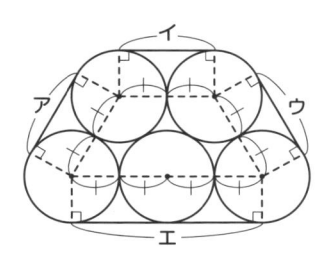

$5 \times (2 \times 3 + 4) = 50$ (cm)

また，4つの曲線部分は合わせると円1つ分になるから，

$5 \times 2 \times 3.14 = 31.4$ (cm)

したがって，このひもの長さは，　$50 + 31.4 = \underline{81.4 \text{ (cm)}}$

塾テク 128 おうぎ形の面積

2通りの求め方を使いこなそう！

・半径×半径×円周率×$\dfrac{中心角}{360}$

　または

・弧の長さ×半径÷2

チェック問題 □□□（　　　）

難易度：★
目安時間：3分

次の（1），（2）のおうぎ形の面積を求めなさい。

（1）（円周率は3.14）　　　（2）（円周率は3.14）

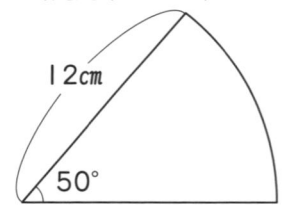

12cm，50°

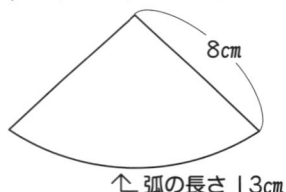

8cm，弧の長さ 13cm

解説

（1）　$12 \times 12 \times 3.14 \times \dfrac{50}{360} = 20 \times 3.14 = \underline{62.8}\ (\text{cm}^2)$

（2）　$13 \times 8 \div 2 = \underline{52}\ (\text{cm}^2)$

（三角形の面積の公式のイメージ）

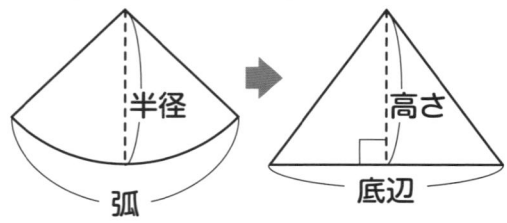

半径　弧　→　高さ　底辺

150

塾テク 129　3.14の計算

3.14をかけるのは，一番最後！

3.14が式に何度も出てくるときは，3.14でくくって式をまとめて計算する

難易度：★★
目安時間：3分

チェック問題　□□□（　　　）

次の計算をしなさい。
(1) 15×2×3.14＋3×2×3.14
(2) 12×12×3.14－4×4×3.14

解説

(1) 15×2×3.14＋3×2×3.14
　＝36×3.14
　＝113.04

　　30×3.14　→　94.2
　　 6×3.14　→　18.84
　　　　　　　　113.04

36＝30＋6より，別々に3.14をかけて加える。

(2) 12×12×3.14－4×4×3.14
　＝128×3.14
　＝401.92

　　100×3.14　→　314
　　 20×3.14　→　62.8
　　　8×3.14　→　25.12
　　　　　　　　401.92

覚えよう！

2×3.14＝6.28
3×3.14＝9.42
4×3.14＝12.56
5×3.14＝15.7
6×3.14＝18.84
7×3.14＝21.98
8×3.14＝25.12
9×3.14＝28.26

塾テク 130 面積 -台形-

区切ってたそう！

面積がわかる図形に区切って，それぞれの図形の面積を求めて合計する

チェック問題 □□□（　　　）

難易度：★★★
目安時間：2分

次の図の色のついた部分の面積は何 cm^2 ですか。

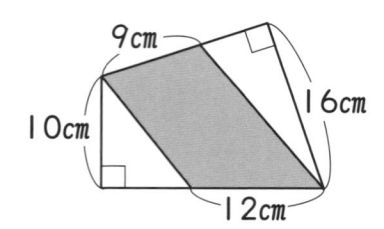

解説

下図のように，太線で区切って，2つの三角形に分けて考える。

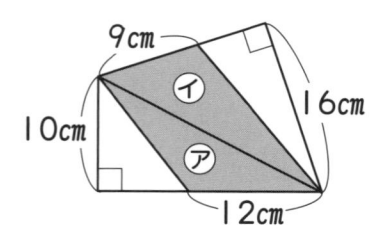

三角形㋐の面積は，$12 \times 10 \div 2 = 60$ （cm^2）
三角形㋑の面積は，$9 \times 16 \div 2 = 72$ （cm^2）
したがって，求める面積は，$60 + 72 = \underline{132}$ （cm^2）

塾テク 131 面積-おうぎ形-

囲んでひこう！

面積のわかる図形で囲んで，全体の面積からいらない部分の面積をひいて求める

難易度：★★★
目安時間：4分

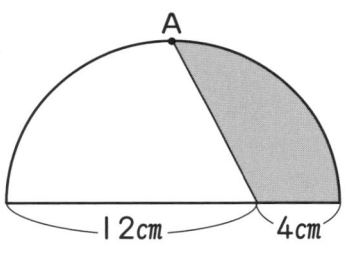

チェック問題　□□□（　　）

右図で，点Aは半円の弧の真ん中の点です。色のついた部分の面積は何cm²ですか。ただし，円周率は3.14とします。

解説

右図のように点Aと円の中心Oを結ぶと，色のついた部分の面積は，おうぎ形AOCの面積から三角形AOBの面積をひくと求められることがわかる。

おうぎ形AOCの面積は，

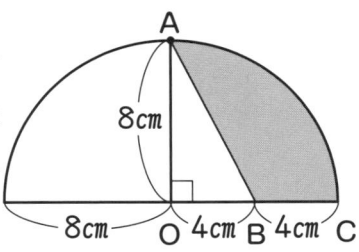

$8 \times 8 \times 3.14 \times \dfrac{1}{4} = 50.24 \ (cm^2)$

三角形AOBの面積は，　$4 \times 8 \div 2 = 16 \ (cm^2)$

したがって，求める面積は，

$50.24 - 16 = \underline{34.24 \ (cm^2)}$

塾テク 132 面積 - 等積移動 -

半円の組み合わせは，切って移動させる！

切って移動させて，面積が求めやすい形に直す。

チェック問題 □□□（　　　）

難易度：★★
目安時間：2分

(1) 下の図1のように，半径5cmの2つの円がそれぞれの円の中心を通るように重なっています。色のついた部分の面積は何cm^2ですか。

(2) 下の図2は，半径8cmのおうぎ形と半径4cmの半円を組み合わせたものです。色のついた部分の面積は何cm^2ですか。

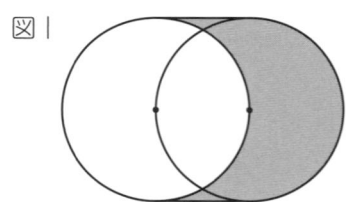

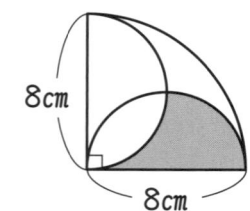

図1

図2

解説

(1) 右図のように，半円の部分を移動させると長方形になるから，求める面積は，

$10 \times 5 = \underline{50}$ (cm^2)

(2) 右図のように，おうぎ形の部分を移動させると正方形になるから，求める面積は，

$4 \times 4 = \underline{16}$ (cm^2)

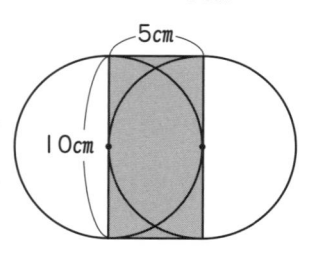

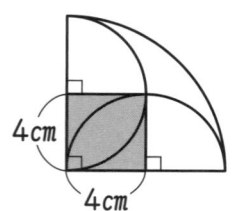

塾テク 133 面積 - 等積変形 -

三角形の面積を変えずに形を変えよう！

右図で、直線 ℓ と m が平行のとき、
　三角形ABCの面積
　=三角形PBCの面積

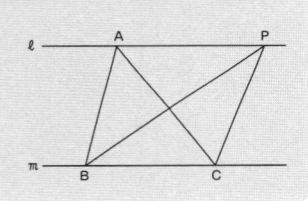

チェック問題 □□□（　　　）

難易度：★★
目安時間：2分

右図の長方形ABCDの中にある色のついた部分の三角形の底辺は、すべてEF上にあり、EFは辺AD、BCに平行です。色のついた部分の三角形の面積の合計を求めなさい。

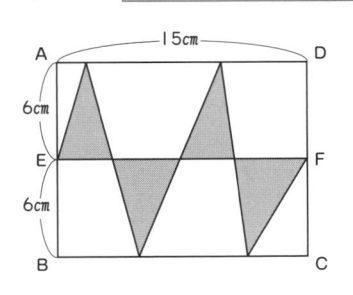

解説

まず、右の図1のように、EFの下にある2つの三角形を上に移しても、底辺と高さは同じだから、面積は変わらない。

（図1）

次に、右の図2のように頂点を移して1つの三角形にまとめると、求める面積の合計は、

$15 \times 6 \div 2 = \underline{45\ (cm^2)}$

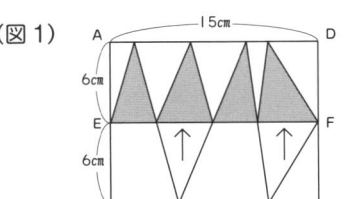

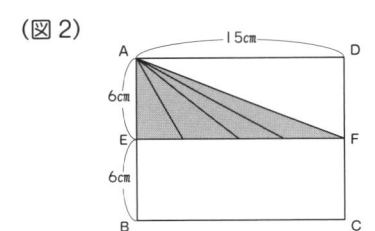

（図2）

塾テク 134 面積 - 直角二等辺三角形 -

底辺と高さから求める！

右図で
三角形ABCの面積
= $\underset{底辺}{a}$ × $\underset{高さ}{a÷2}$ ÷2

チェック問題 □□□（　　　）

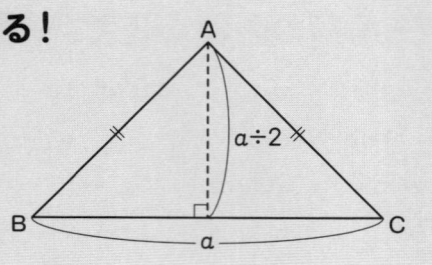

難易度：★★★★
目安時間：5分

直角をはさむ2辺の長さがそれぞれ15cm，20cmの直角二等辺三角形を右図のように重ねました。色のついた部分の面積は何cm^2ですか。

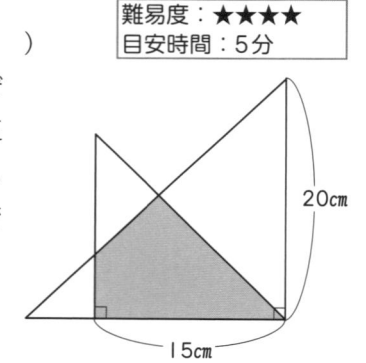

解説

直角二等辺三角形ABCの面積は，
　　$15 × 15 ÷ 2 = 112.5 \ (cm^2)$
直角二等辺三角形AGFの面積は，
　　$10 × 5 ÷ 2 = 25 \ (cm^2)$
したがって，色のついた部分の面積は，
　　$112.5 - 25 = \underline{87.5 \ (cm^2)}$

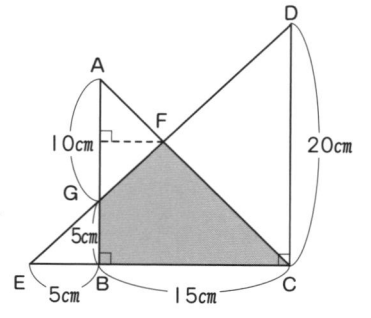

塾テク 135 面積 -30度問題-

30度定規を使いこなそう！

正三角形の半分の直角三角形の
最長の辺と最短の辺の長さの比は

　　2：1

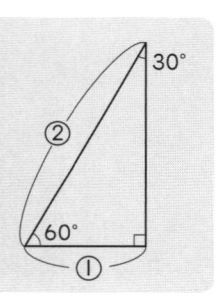

チェック問題 □□□（　　　）

難易度：★★★
目安時間：2分

（1）下の（図1）のACが15cmのとき，CBは何cmですか。
（2）下の（図2）の二等辺三角形の面積は何cm²ですか。

（図1）

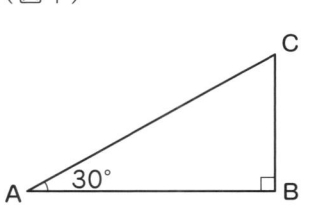

（図2）

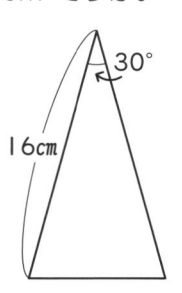

解説

（1）　15÷2＝<u>7.5（cm）</u>

（2）　右図で，三角形ABCの底辺をACとすると，高さは，
　　　BD＝16÷2＝8（cm）となる。
　　　よって，求める面積は，
　　　16×8÷2＝<u>64（cm²）</u>

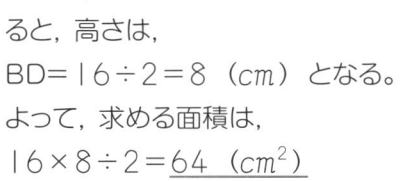

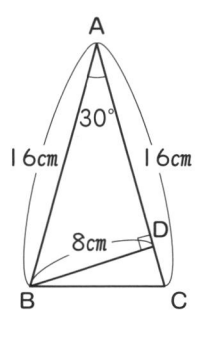

塾テク 136 面積 - いも型 -

いも型は，割合で一瞬でわかる！

右図の正方形と2つのおうぎ形を重ねて作った図形において，円周率を3.14とするとき，

:::
色のついた部分の面積
＝1辺×1辺×0.57 ←（3.14÷4×2−1）
:::

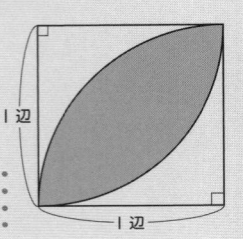

難易度：★★
目安時間：2分

チェック問題　□□□（　　　）

正方形ＡＢＣＤの1辺が10cmのとき，次の（1），（2）の色のついた部分の面積は何cm^2ですか。ただし，円周率は，3.14とします。

(1)　　　　　　　　　　(2)

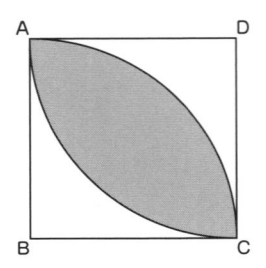

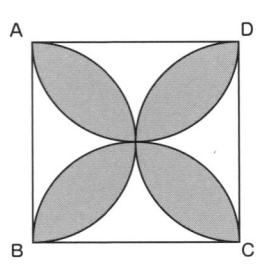

解説

(1) $10 \times 10 \times 0.57 = \underline{57 \ (cm^2)}$

(2) 右図のように4等分すると，それぞれの部分において，**塾テク136**と同じ割合になるので，求める面積は（1）と同じになり，
$10 \times 10 \times 0.57 = \underline{57 \ (cm^2)}$

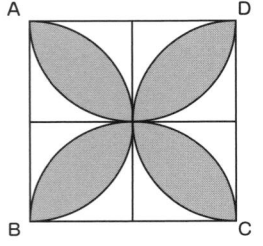

塾テク 137　面積-おうぎ形-

正方形とおうぎ形の面積の差に着目しよう！

右図の正方形とおうぎ形で，円周率を3.14とするとき，

> 色のついた部分の面積
> ＝1辺×1辺×0.215
> 　　　　　↑(1−3.14÷4)

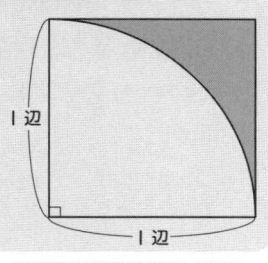

難易度：★★
目安時間：2分

チェック問題 □□□（　　　）

正方形ABCDの1辺が8cmのとき，次の(1),(2)の色のついた部分の面積は何cm^2ですか。ただし，円周率は3.14とします。

(1) (2)

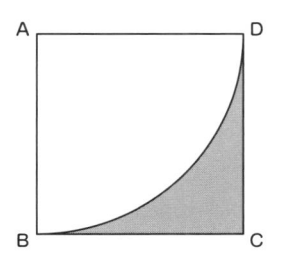

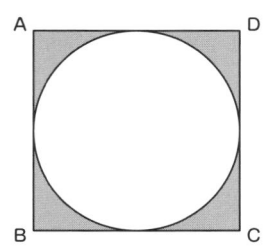

解説

(1) **塾テク137**より，$8×8×0.215=\underline{13.76}$（$cm^2$）

(2) 右図のように4等分すると，それぞれの部分において，**塾テク137**と同じ割合になるので，求める面積は(1)と同じになり，
$8×8×0.215=\underline{13.76}$（$cm^2$）

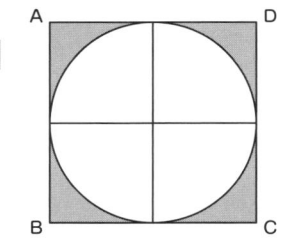

塾テク 138 面積 - 半径がわからない円 -

「半径×半径」を求めよう！

正方形の面積を2通り考えることにより，
「半径×半径」を求めればよい
右図で，
円Oの面積＝正方形AOBCの面積×3.14

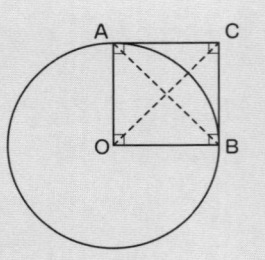

難易度：★★★★
目安時間：5分

チェック問題　□□□（　　　）

右の図形は，半径が8cmである円の一部に正方形がかかれていて，その正方形の1辺と同じ長さの半径の円の一部がかかれています。
このとき，色のついた部分の面積は，何cm^2ですか。
ただし，円周率は3.14とします。

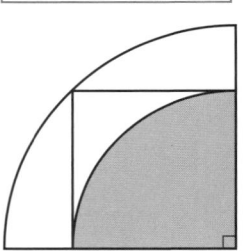

解説

右図で，AO＝8cmだから
正方形ABOCの面積は，
$8 \times 8 \div 2 = 32 \ (cm^2)$
したがって，求める面積は，

$\underline{BO \times BO} \times 3.14 \times \dfrac{1}{4} \ = 32 \times 3.14 \times \dfrac{1}{4}$
　↑正方形ABOCの面積

$\phantom{BO \times BO \times 3.14 \times \dfrac{1}{4} \ } = 8 \times 3.14$
$\phantom{BO \times BO \times 3.14 \times \dfrac{1}{4} \ } = \underline{25.12 \ (cm^2)}$

塾テク 139 面積 - 等しい -

「つけたし」思考を使おう！

ア=イ ならば ア+ウ = イ+ウ
が成り立つことを利用

チェック問題 □□□（　　）

難易度：★★★★
目安時間：5分

右図のように1辺の長さが6cmの正方形があります。点Bを中心とする円の一部をかき，点Eと点Dを直線で結びました。色のついた部分アとイの面積が等しいとき，BEの長さを求めなさい。ただし，円周率は3.14とします。

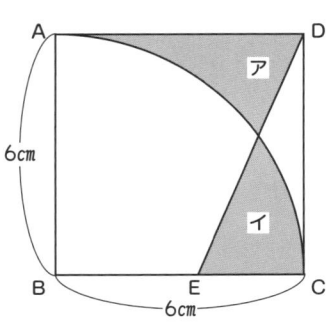

解説

右図で，イ+ウの面積は，

$6 \times 6 \times 3.14 \times \dfrac{1}{4}$

$= 9 \times 3.14$

$= 28.26 \, (cm^2)$

よって，ア+ウの面積も $28.26 \, cm^2$ になるから，

BE=□cmとすると，

$(6+\Box) \times 6 \div 2 = 28.26$

$\Box = 28.26 \times 2 \div 6 - 6$

　$= \underline{3.42 \, (cm)}$

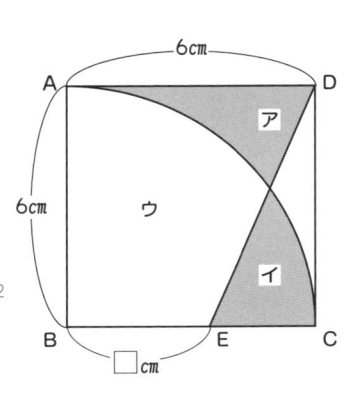

塾テク 140 面積 -差-

面積の差も,「つけたし」思考で！

両方の図形に同じ図形をつけたして，見慣れた図形にして差を考える

難易度：★★★★
目安時間：5分

チェック問題 □□□（　　）

右図のような半円とおうぎ形を組み合わせた図形があります。
色のついた部分アと色のついた部分イの面積の差を求めなさい。
ただし，円周率は3.14とします。

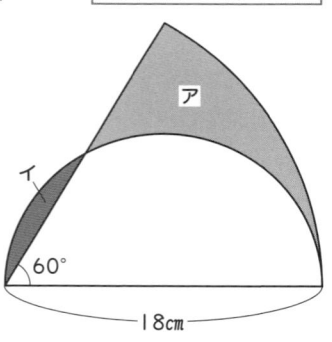

解説

ア＋ウの面積は,

$18 \times 18 \times 3.14 \times \dfrac{60}{360}$

$= 54 \times 3.14 \ (cm^2)$

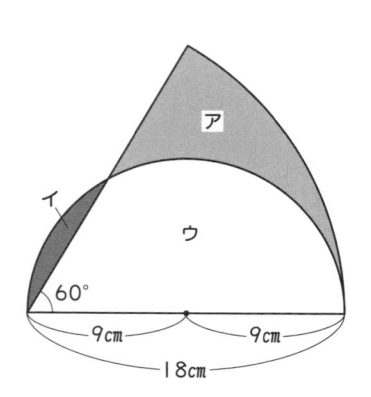

イ＋ウの面積は,

$9 \times 9 \times 3.14 \times \dfrac{1}{2}$

$= 40.5 \times 3.14$

したがって，求める面積の差は,

$(54 - 40.5) \times 3.14 = 13.5 \times 3.14 = \underline{42.39 \ (cm^2)}$

塾テク 141 面積 -応用-

「たしひき」思考を使おう！

わからないときは，図形の式をかいて考える

チェック問題 □□□（　　）

難易度：★★★★
目安時間：5分

右図のような半径12cmのおうぎ形があります。色のついた部分の面積を求めなさい。
ただし，円周率は3.14とします。

解説

色のついた部分の面積 = （おうぎ形OAE）+ （三角形ODE）− （三角形OCA）

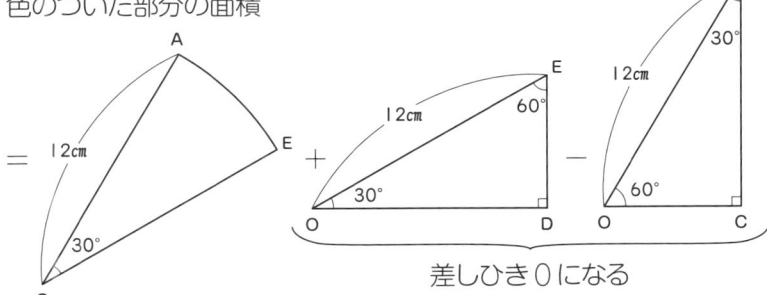

差しひき0になる

つまり，色のついた部分の面積は，おうぎ形OAEの面積に等しい。
よって，求める面積は，

$$12 \times 12 \times 3.14 \times \frac{30}{360} = 12 \times 3.14 = \underline{37.68\ (cm^2)}$$

塾テク 142 面積の和 - はなれた図形 -

切って，はりかえて，まとめる！

はなれた図形の面積は，１か所に寄せ集めて求める

チェック問題 □□□（　　　）

難易度：★★★★
目安時間：3分

下図は，半円とおうぎ形を組み合わせた図形です。それぞれ色のついた部分の面積を求めなさい。ただし，円周率は3.14とします。

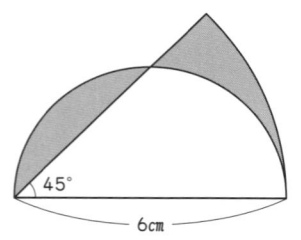

解説

右図のように○印の部分を移動させると，
求める面積は，
おうぎ形ABCの面積から，
直角二等辺三角形ABDの面積をひいた
ものになるから，

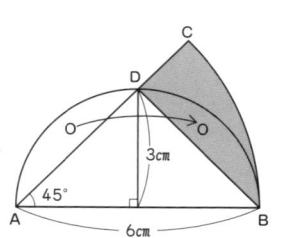

$6 \times 6 \times 3.14 \times \dfrac{45}{360} - 6 \times 3 \div 2$

$= \underline{5.13 \ (cm^2)}$

塾テク 143 長方形の半分 - 対角線 -

対角線で区切って、同じマークをつけよう！

長方形の面積は1本の対角線によって
2等分される

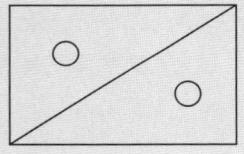

チェック問題 □□□（　　　）

難易度：★★★★
目安時間：5分

右図のように，AB=16cm，AD=25cmの長方形ABCDがあります。四角形EFGHの面積は何cm²ですか。

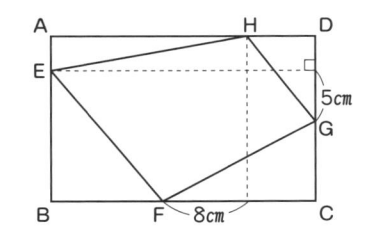

解説

右図のように，EF，FG，GH，HEがそれぞれ対角線になる長方形をかくと，○どうし，×どうし，□どうし，△どうしの面積は等しくなる。

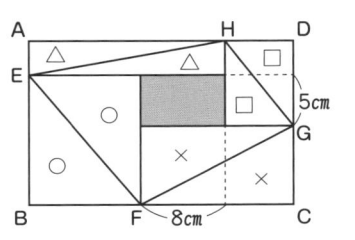

長方形ABCDの面積は，
$16 \times 25 = 400 \ (cm^2)$

色のついた部分の長方形の面積は，$5 \times 8 = 40 \ (cm^2)$

よって，○×□△1つずつの面積の和は，
$(400 - 40) \div 2 = 180 \ (cm^2)$

より，求める面積は，$180 + 40 = \underline{220 \ (cm^2)}$

塾テク 144 長方形の半分 -向かい合う三角形-

長方形の半分の面積と同じ!

右図の色のついた部分の面積の和は，長方形の面積の半分

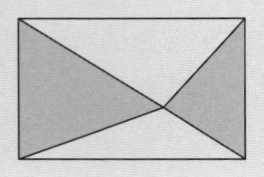

チェック問題 □□□（　　）

難易度：★★★
目安時間：3分

右図の長方形ＡＢＣＤで，点Ｅ，Ｆは辺ＡＤを3等分する点，点Ｇ，Ｈは辺ＢＣを3等分する点です。また，長方形ＡＢＣＤの内部に点Ｏがあり，4つの点Ｅ，Ｆ，Ｇ，Ｈと結びます。長方形ＡＢＣＤの面積が60cm^{2}であるとき，色のついた部分㋐と㋑の面積の和は何cm^{2}ですか。

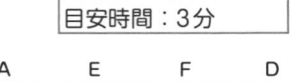

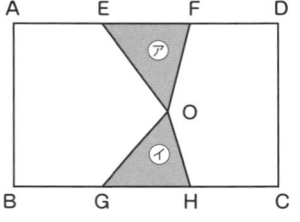

解説

右図のように長方形の4つの頂点Ａ，Ｂ，Ｃ，ＤとＯを結ぶと，三角形ＡＯＤと三角形ＢＯＣの面積の和は，長方形ＡＢＣＤの面積の半分になるから，

60÷2＝30（cm^2）

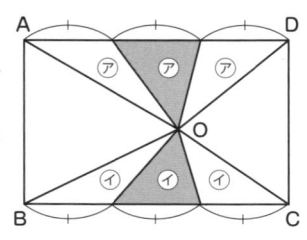

これは㋐が3つ分と㋑が3つ分の面積の和に等しいから，㋐と㋑の面積の和は，

30÷3＝<u>10（cm^2）</u>

塾テク 145 等高三角形 - 基本 -

「底辺比＝面積比」になる！

高さが等しい三角形においては
底辺の比が面積の比になる
右図で
㋐：㋑＝$a:b$

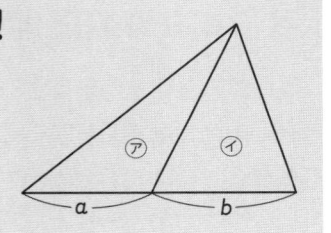

難易度：★★
目安時間：2分

チェック問題 □□□（　　　）

三角形ABCの面積が$42cm^2$のとき，色のついた部分の面積は何cm^2ですか。

(1) (BD:DC=3:2)

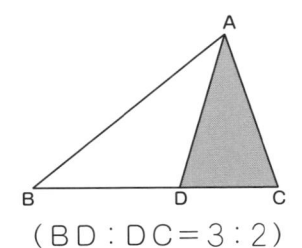

(2) $\begin{pmatrix} BD:DC=3:4 \\ AE:EB=4:5 \end{pmatrix}$

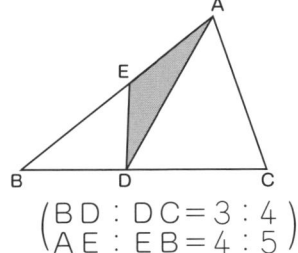

解説

(1) $42 \times \dfrac{2}{3+2} = \underline{16.8}\ (cm^2)$

(2) $\underbrace{42 \times \dfrac{3}{3+4}}_{\text{三角形ABD}} \times \dfrac{4}{4+5} = \underline{8}\ (cm^2)$

塾テク 146 等高三角形 -逆向き-

台形にも等高三角形が隠れている！

高さが等しい三角形においては
底辺の比が面積の比になる
右図で，ADとBCが平行のとき，
㋐：㋑＝$a:b$

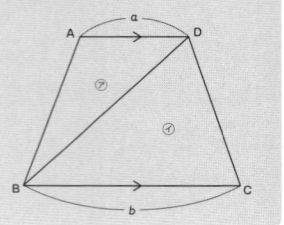

チェック問題　□□□（　　　）

難易度：★★★
目安時間：3分

右図において，CD上にEをとり，BEが台形ABCDの面積を2等分します。このとき，DEとECの長さの比を求めなさい。

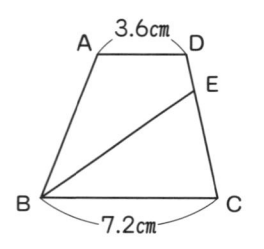

解説

2点B，Dを結ぶと，
三角形ABDと三角形DBCの面積の比は，
$3.6:7.2=1:2$

三角形ABD＝②
三角形DBC＝④
　　　計算しやすい数字にする

とすると，
三角形EBC＝（②＋④）÷2＝③
三角形DBE＝④－③＝①
DE：EC＝三角形DBE：三角形EBC
　　　　＝1：3

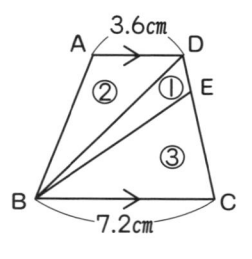

168

塾テク 147 等高三角形 - 折れ線分割 -

等高三角形を見つけだそう!

三角形を等しい面積でジグザグに切ってある問題は,高さの等しい三角形を見つけて,その面積の比から底辺比を求める

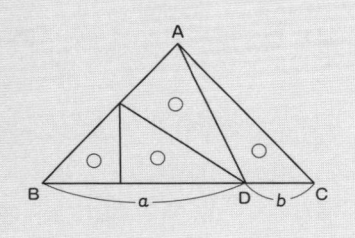

右図で,三角形ABCの面積が4等分されているとき,

$$a : b = \underset{\substack{\uparrow \\ \text{三角形ABD}}}{3} : \underset{\substack{\uparrow \\ \text{三角形ADC}}}{1}$$

チェック問題 □□□（　　　）

難易度：★★★
目安時間：3分

右図のように,三角形ABCを面積の等しい5個の三角形に分けます。AD：DF：FBを求めなさい。

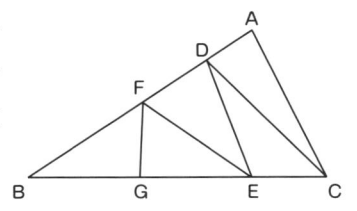

解説

AD：DB＝1：4,
DF：FB＝1：2
より, AD：DF：FB

$$= 1 : \left(4 \times \frac{1}{1+2}\right) : \left(4 \times \frac{2}{1+2}\right)$$

$$= \underline{3 : 4 : 8}$$

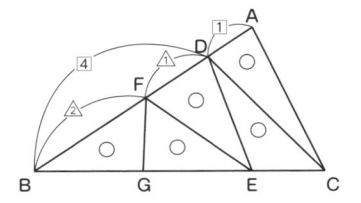

塾テク 148 直角三角形の重なり

「対称軸」を「補助線」にしよう！

対称軸で区切って，等高三角形の面積の比を利用する

チェック問題 □□□（　　　）

難易度：★★★★
目安時間：5分

右図のように2つの直角三角形が重なっています。色のついた部分の面積は何 cm^2 ですか。

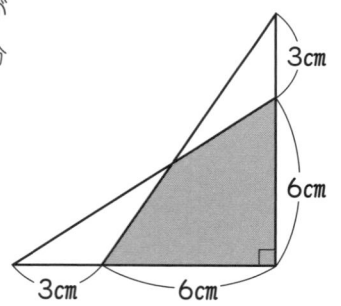

解説

塾テク148 より，対称軸で区切って，等高三角形の面積の比
塾テク145 参照↑
に着目し，それぞれの三角形の面積の比をかき込むと右図のようになる。

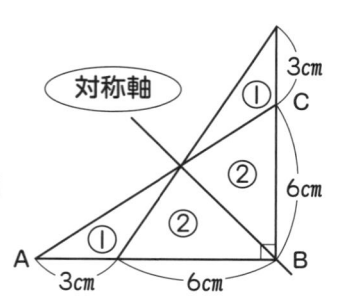

よって，色のついた部分の面積は，

$$9 \times 6 \div 2 \times \frac{2+2}{1+2+2} = 21.6 \, (cm^2)$$

↑
直角三角形ABCの面積

170

塾テク 149 2辺の比と面積比

底辺と高さの比がわかれば,面積の比が求まる!

面積の比＝底辺の比×高さの比

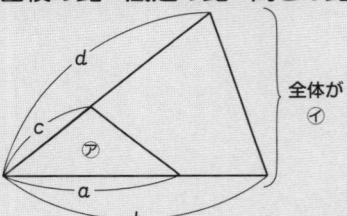

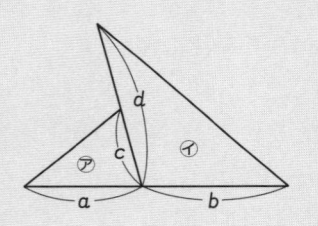

上のどちらの図形も, ㋐：㋑ ＝ $(a \times c) : (b \times d)$

底辺の比　高さの比

チェック問題　□□□（　　　）

難易度：★★
目安時間：2分

下の（1），（2）の図において，三角形ABCと三角形CDEの面積の比を求めなさい。

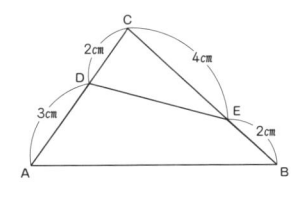

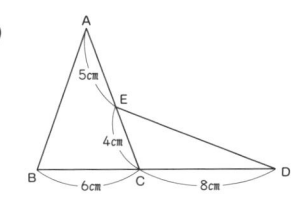

(1) (2)

解説

(1)（AC×BC）：（DC×EC）を求める。

$\{(2+3) \times (4+2)\} : (2 \times 4) = \underline{15:4}$

(2)（1）と同様に，

$\{6 \times (5+4)\} : 8 \times 4 = \underline{27:16}$

塾テク 150 底辺共通の三角形 -基本-

高さの比をななめに読み取ろう！

三角形の底辺の長さが等しいとき，面積の比は高さの比に等しい
右図で
三角形ABD：三角形DBC
＝AE：EC
（底辺BDが共通で，AE：ECが高さの比になる）

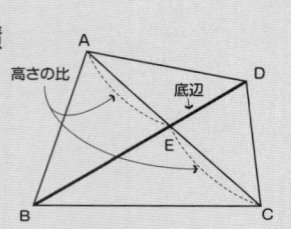

チェック問題 □□□（　　　）

難易度：★★★★
目安時間：3分

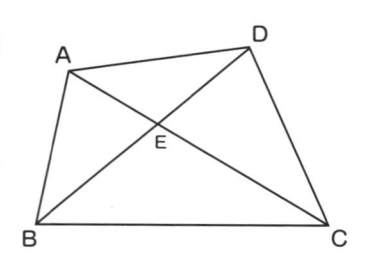

右図で，三角形ABCの面積は$14cm^2$，三角形DBCの面積は$16cm^2$，三角形ABDの面積は$8cm^2$です。
三角形DECの面積は何cm^2ですか。

解説

三角形ADCの面積は，　$8＋16－14＝10 (cm^2)$
$$AE：EC＝△ABD：△DBC$$
$$＝8 (cm^2)：16 (cm^2)$$
$$＝1：2$$
したがって，三角形DECの面積は，

$$10 \times \frac{2}{1+2} = 6\frac{2}{3} \ (cm^2)$$

塾テク 151 底辺共通の三角形 - 応用 -

ひこうき型も，高さの比を探そう！

三角形の底辺の長さが等しいとき，
面積の比は高さの比に等しい
右図で

㋐：㋑ = $a : b$

（底辺ADが共通で，$a:b$が高さの
比になる）

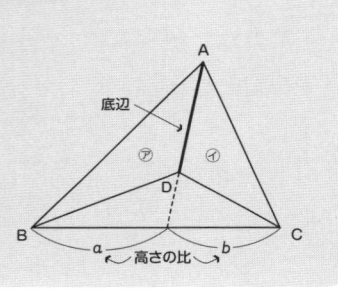

チェック問題 □□□（　　　）

難易度：★★★★
目安時間：5分

右図の三角形ABCにおいて，

AD : DB = 4 : 5
BE : EC = 3 : 2

です。これについて，次の問いに答え
なさい。

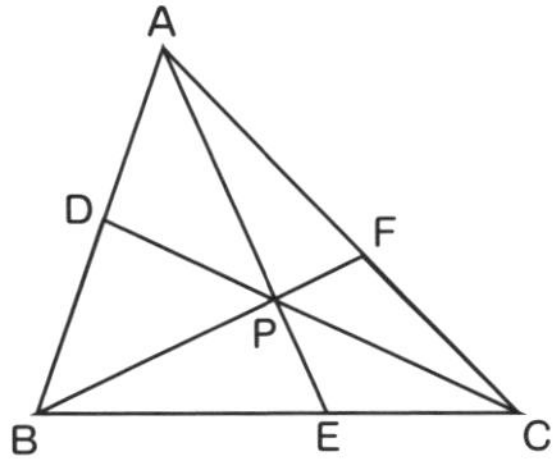

(1) 三角形ABP，三角形BCP，
三角形CAPの面積の比を求めなさい。

(2) AF : FCを求めなさい。

解説

(1) △ABP　△BCP　△CAP

　　　　　　　5　：　4
　　3　：　　　　　2
　　6　：　5　：　4

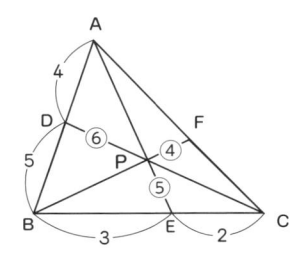

(2) AF : FC = △ABP : △BCP = <u>6 : 5</u>

173

塾テク 152 単位の換算 - 面積 -

「面積の単位」を覚えよう！

1辺の長さが1cm, 1m, 10m, 100m, 1kmの正方形の面積を単位とする

1辺の長さ	1cm	1m	10m	100m	1km
面積	1cm²	1m²	1a	1ha	1km²

×100　×10　×10　×10 (上)
×10000　×100　×100　×100 (下)

チェック問題 □□□（　　）

難易度：★★
目安時間：3分

次の □ にあてはまる数を求めなさい。

(1) 1500cm²は □ m²です。
(2) 0.68km²は □ m²です。
(3) 35haは □ km²です。
(4) 7.89km²は □ aです。

解説

(1)「1m² = 10000cm²」だから、1500÷10000 = <u>0.15</u>

(2)「1km² = <u>1000000</u>m²」だから、
　　　↳ 1000m×1000m
　　0.68×1000000 = <u>680000</u>

(3)「1km² = 100ha」だから、35÷100 = <u>0.35</u>

(4)「1km² = 10000a」だから、7.89×10000 = <u>78900</u>

塾テク 153 縮尺

分数計算にして, 約分を利用しよう！

・縮尺＝$\dfrac{\text{地図上の長さ}}{\text{実際の長さ}}$

・地図上の面積＝実際の面積×縮尺×縮尺

チェック問題 □□□（　　　）

難易度：★★★
目安時間：7分

縮尺2万5千分の1の地図において, 次の問いに答えなさい。
(1) 地図上で12cmのきょりは, 実際には何kmありますか。
(2) 実際には10kmあるきょりは, 地図上では何cmになりますか。
(3) 地図上で8cm²の土地の面積は, 実際には何haありますか。

解説

(1) $12 \times 25000 \,(cm) \to \dfrac{12 \times 25000}{100} \,(m)$

$\to \dfrac{12 \times 25000}{100 \times 1000} = \dfrac{12 \times 25\cancel{000}}{100 \times 1\cancel{000}}$

$= \underline{3 \,(km)}$

(2) $\dfrac{10 \times 1000 \times 100}{25000} = \underline{40 \,(cm)}$

(3) $\dfrac{8 \times 25000 \times 25000}{10000 \times 100 \times 100} = \underline{50 \,(ha)}$

塾テク 154 相似形 - ピラミッド型 -

平行線に相似あり！

右図で，

> ア：イ ＝ エ：オ

> ア：ウ ＝ エ：カ
>   ＝ キ：ク

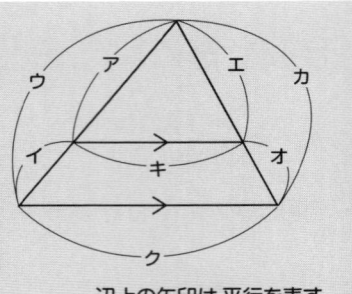

辺上の矢印は，平行を表す。

難易度：★★★
目安時間：4分

チェック問題 □□□（　　　）

次の x，y の長さをそれぞれ求めなさい。

(1)

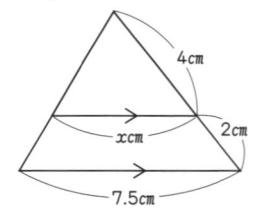

(2)

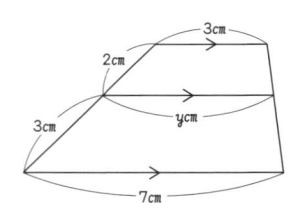

解説

(1) $4:(4+2) = 2:3$ より，$x = 7.5 \times \dfrac{2}{3} = \underline{5 \ (cm)}$

(2) 右図のように「ピラミッド型相似形」と「平行四辺形」に分ける。

$y = 4 \times \dfrac{2}{5} + 3$

$ = \underline{4.6 \ (cm)}$

176

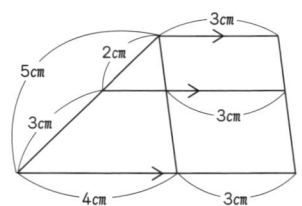

塾テク 155 相似形 - クロス型 -

「対応する辺」を正確に見つけよう！

右図で，

$$ア：イ ＝ ウ：エ ＝ オ：カ$$

辺上の矢印は，平行を表す。

チェック問題　□□□（　　　）

難易度：★★★
目安時間：4分

次の x，y の長さをそれぞれ求めなさい。

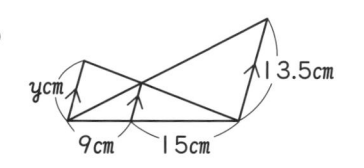

(1)　　　　　　　　　　　(2)

解説

(1) $12：18＝2：3$　より，$x＝10\times\dfrac{3}{2}＝\underline{15}$ （cm）

(2) 右図で，まず，ピラミッド型
相似形（**塾テク154**参照）
に着目すると，
ア：イ＝9：15
　　　＝3：5
次に，クロス型相似形に着目して，

$y＝13.5\times\dfrac{3}{5}＝\underline{8.1}$ （cm）

塾テク 156 相似形 - ダブルクロス -

延長線をひいて、クロス形を作ろう！

延長線をひいて、2つのクロス型相似を作る

チェック問題 □□□（　　　）

難易度：★★★★
目安時間：5分

右図のような正方形があります。
DG：GEを求めなさい。

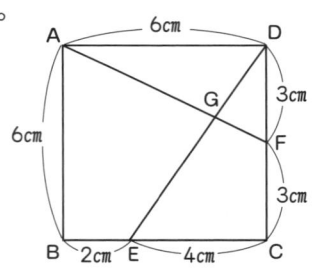

解説

下図のように、AFの延長線とBCの延長線の交点をHとする。

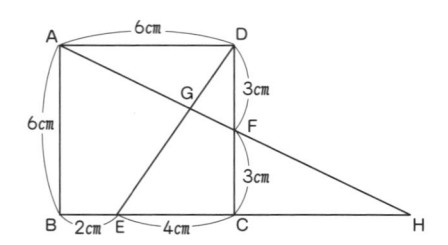

三角形AFDと三角形HFCは相似で、相似比は、
DF：CF＝3：3＝1：1
（すなわちこの場合は合同）より、　CH＝6cm
三角形AGDと三角形HGEは相似だから、
DG：GE＝AD：EH＝6：(4＋6)＝<u>3：5</u>

塾テク 157 相似形 - 直角三角形 -

直角三角形にも, 相似がかくれている!

・右図の3つの直角三角形ABC, DBA, DACはすべて相似
  BD : DA : AB = $a : b : c$
  AD : DC : CA = $a : b : c$

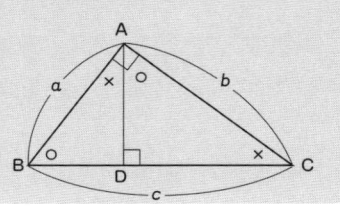

チェック問題 □□□ (　　　)

難易度：★★★
目安時間：3分

右図の x, y の長さをそれぞれ求めなさい。

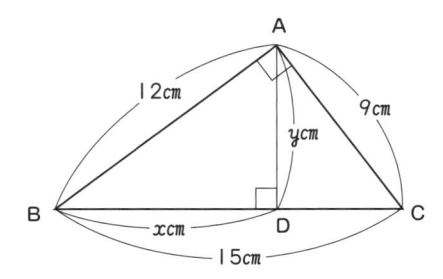

解説

CA : AB : BC = 9 : 12 : 15 = 3 : 4 : 5
よって,
AD : DB : BA = 3 : 4 : 5
したがって,
x, y の長さはそれぞれ,

$x = 12 \times \dfrac{4}{5} = \underline{9.6 \ (cm)}$

$y = 12 \times \dfrac{3}{5} = \underline{7.2 \ (cm)}$

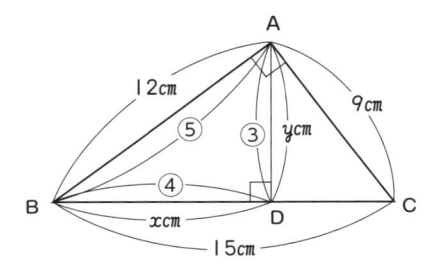

塾テク 158 相似形 - 三角形の中の正方形 -

1つの辺に比を集めよう！

相似な三角形は，底辺と高さの比が一定であることから，長さのわかっている辺に比の数を集める

チェック問題 □□□（　　　）

難易度：★★★
目安時間：4分

右図のように，直角三角形ＡＢＣの３辺の上に点Ｄ，Ｅ，Ｆをとり，正方形ＤＥＣＦを作ります。この正方形の１辺は何cmですか。

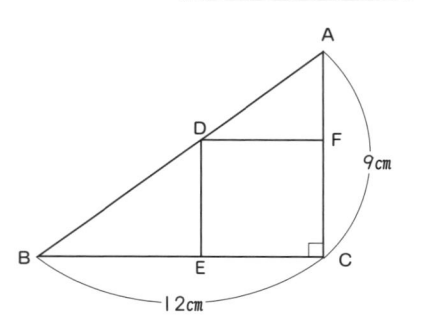

解説

右図で，三角形ＡＤＦと三角形ＡＢＣは相似だから，

AF：FD ＝AC：CB
　　　 ＝9：12
　　　 ＝3：4

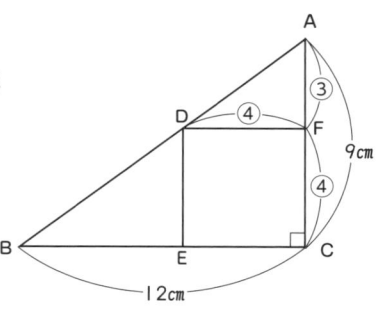

AF＝③，DF＝④とすると，
FC＝DF＝④より，　AC＝③＋④＝⑦
したがって，この正方形の１辺は

$$9 \times \frac{4}{7} = \underline{5\frac{1}{7}} \ (cm)$$

180

塾テク 159 相似形 - 相似比と面積比 -

相似比を2回かけたら，面積比になる！

相似比が $a:b$ の図形の面積比は，
$(a \times a):(b \times b)$

チェック問題　□□□（　　）

難易度：★★★★
目安時間：4分

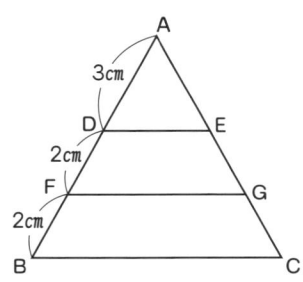

右図の三角形ABCにおいて，DEとFGは辺BCに平行です。台形DFGEの面積が $10cm^2$ のとき，台形FBCGの面積は何 cm^2 ですか。

解説

3つの三角形ADE，AFG，ABCの相似比は，
$3:(3+2):(3+2+2)$
$=3:5:7$
だから，面積比は，**塾テク 159** より，
$(3\times3):(5\times5):(7\times7)$
$=9:25:49$
したがって，台形DFGEと台形FBCGの面積比は，
$(25-9):(49-25)=2:3$

だから，求める面積は，$10\times\dfrac{3}{2}=\underline{15\ (cm^2)}$

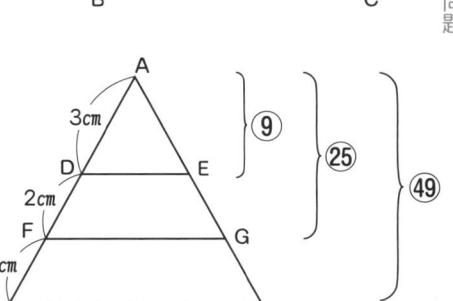

塾テク 160 台形と面積比

台形を4分割にしよう！

右図の台形の，それぞれの部分の面積比は，

$$㋐ : ㋑ : ㋒ = (a \times a) : (a \times b) : (b \times b)$$

また，㋑と㋓の面積は等しくなる

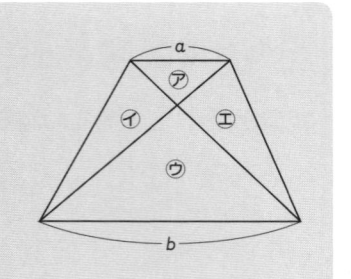

難易度：★★★★
目安時間：4分

チェック問題　□□□（　　）

右図の平行四辺形ＡＢＣＤにおいて，色のついた部分の面積と，平行四辺形ＡＢＣＤの面積の比を，最も簡単な整数の比で表しなさい。

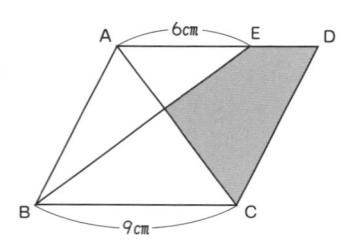

解説

ＡＥ：ＢＣ＝6：9＝2：3より，
$(2 \times 2) : (2 \times 3) : (3 \times 3)$
＝4：6：9

の比をかき込むと右図のようになる。

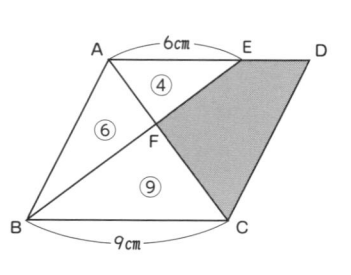

三角形ＡＢＣと三角形ＡＣＤの面積は等しいから，色のついた部分の面積は，
⑥＋⑨－④＝⑪

よって，求める面積比は，
⑪：{(⑥＋⑨)×2} ＝ <u>11：30</u>

塾テク 161 折り返しと相似

相似な直角三角形を見つけよう！

紙の折り返しでは合同と相似ができる

チェック問題 □□□（　　）

難易度：★★★★
目安時間：5分

右図は，正方形の紙ＡＢＣＤを点Ｂが点Ｅにくるように折ったものです。次の問いに答えなさい。

(1) 三角形ＡＦＥと相似な三角形はどれですか。すべて答えなさい。
(2) ＨＧの長さは何cmですか。

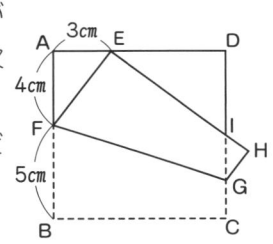

解説

(1) 右下図で，○どうし，×どうしの角度は等しいから，三角形AFEと相似な三角形は，
   <u>三角形DEI, 三角形HGI</u>

(2) 台形FBCGと台形FEHGは合同だから，
   FE=5cm, EH=9cm
   (1)の3つの相似な三角形は，どれも3辺の比が3：4：5になる。

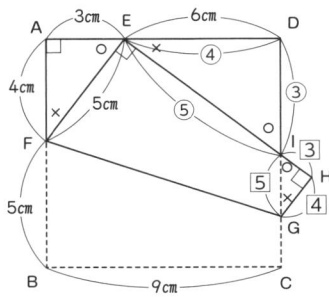

   $EI = 6 \times \dfrac{5}{4} = 7.5$ (cm)，$IH = 9 - 7.5 = 1.5$ (cm)

   $HG = 1.5 \times \dfrac{4}{3} = \underline{2\ (cm)}$

塾テク 162 太陽光による影(かげ)

棒(ぼう)と影の長さの比に着目しよう!

影の先から地面に平行な直線をひいて相似な直角三角形を作る

チェック問題 □□□（　　　）

難易度：★★★
目安時間：5分

地面に垂直(すいちょく)に立てた長さ1mの棒のかげの長さが1.5mのとき，次の（1），（2）の図のそれぞれの木の高さを求めなさい。

（1）

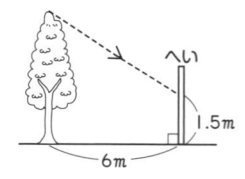

（2）

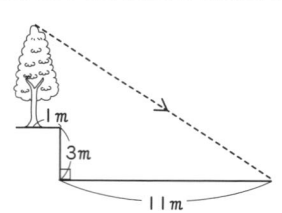

解説

棒と影の長さの比は，　1：1.5＝2：3

（1）右図より，木の高さは，

$$6 \times \frac{2}{3} + 1.5 = \underline{5.5} \ (m)$$

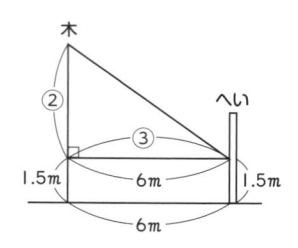

（2）右図より，木の高さは，

$$(1+11) \times \frac{2}{3} - 3$$

$$= \underline{5} \ (m)$$

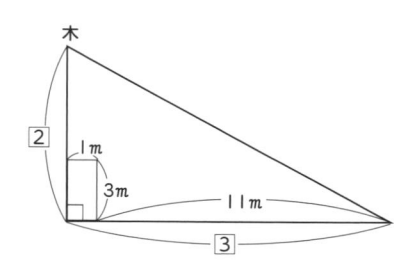

塾テク 163 電灯光による影 - 人の影 -

地面にきょりの比をかこう!

・ピラミッド型相似を利用
・影の先端(せんたん)の速さは、電灯の真下から動かして考える

チェック問題 □□□(　　　)

難易度：★★★
目安時間：5分

6mの電灯があり、身長1.5mの花子さんの影について、次の問いに答えなさい。

(1) 花子さんが電灯から7.5mはなれたときの影の長さは何mですか。

(2) 花子さんの歩く速さが毎秒1mのとき、影の先端の速さは毎秒何mですか。

解説

(1) 右図のピラミッド型相似に着目して考える。

$6 : 1.5 = 4 : 1$

$(4-1) : 1 = 3 : 1$

$7.5 \times \dfrac{1}{3} = \underline{2.5 \ (m)}$

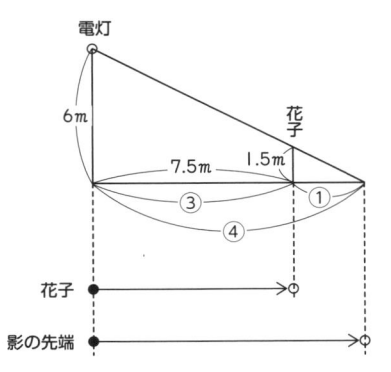

(2) 花子さんが③のきょりを進む時間に、影の先端は④のきょりを進んでいるから、求める速さは、

$1 \times \dfrac{4}{3} = \underline{1\dfrac{1}{3} \ (m/秒)}$

塾テク 164 電灯光による影 - へいの影 -

へいの影は、2方向から見た図をかく！

へいを真横や真上から見た図をかき、ピラミッド型相似を利用する

チェック問題　□□□（　　　）

難易度：★★★★
目安時間：5分

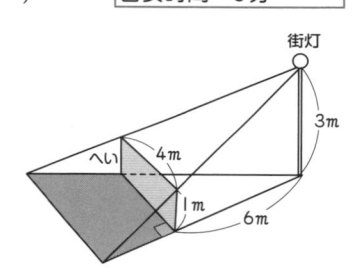

高さ3mの街灯と、高さ1mで長さが4mのへいが、右図のように地面に垂直に立っています。このとき、地面にできるへいの影の面積は何m^2ですか。

解説

へいを真横から見ると、図1のようになる。

$1:(3-1) = 1:2$ より、

アの長さは、　$6 \times \dfrac{1}{2} = 3$ (m)

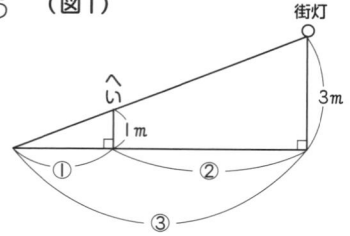

また、へいを真上から見ると、図2のようになる。

イの長さは、　$4 \times \dfrac{3}{2} = 6$ (m)

したがって、求める面積は、
$(4+6) \times 3 \div 2 = \underline{15\ (m^2)}$

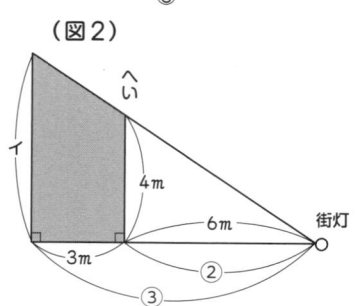

塾テク 165 正六角形の分割

等分割の4パターンを覚えよう！

6等分, 18等分, 24等分した形をもとに考える

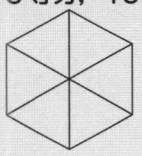

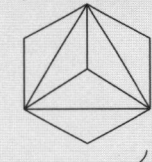

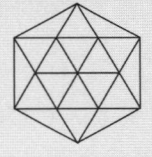

　　6等分　　　　　　　　　　18等分　　　24等分

難易度：★★★
目安時間：5分

チェック問題 □□□（　　　）

右図の(1), (2)において, 正六角形全体と色のついた部分の面積の比をそれぞれ求めなさい。ただし, (2)の3点A, B, Cはすべて正六角形の辺の真ん中の点です。

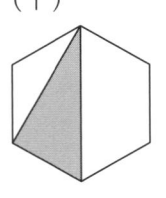

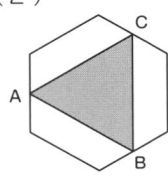

解説

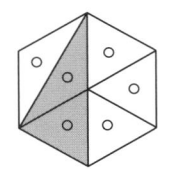

(1) 正六角形全体を右図のように6等分すると, 求める面積比は,
　　6 : 2 = <u>3 : 1</u>

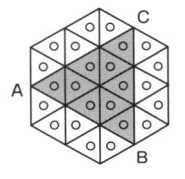

(2) 正六角形全体を右図のように24等分すると, 求める面積比は,
　　24 : 9 = <u>8 : 3</u>

187

塾テク 166 糸の巻きつけ

半径の変化に注意して図をかこう！

糸が図形の頂点にひっかかるごとに，半径が短くなっていく

チェック問題 □□□（　　　）

難易度：★★★
目安時間：5分

1辺3cmの正三角形の板ABCの頂点Bに，長さ9cmの糸PBを結びつけます。そして，右図の位置から，糸のはしPを矢印の向きに動かして，糸をぴんと張ったまま，板に最後まで巻きつけます。円周率を3.14として，次の問いに答えなさい。

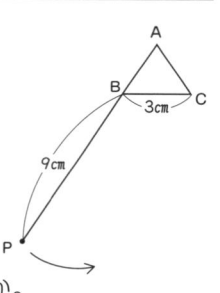

(1) 糸のはしPが動くきょりは何cmですか。
(2) 糸が通る部分の面積は何cm^{2}ですか。

解説

(1) 3つのおうぎ形の中心角は120度だから，求める長さは，

$(9+6+3) \times 2 \times 3.14 \times \dfrac{1}{3}$

$= 12 \times 3.14$

$= \underline{37.68\,(cm)}$

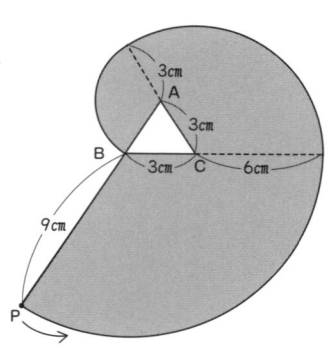

(2) $(9 \times 9 + 6 \times 6 + 3 \times 3) \times 3.14 \times \dfrac{1}{3}$

$= 42 \times 3.14 = \underline{131.88\,(cm^2)}$

塾テク 167　平行移動

細かいところまで，ていねいに調べよう！

- 図形を少しずつ動かしてかく
- 2つの図形の点や辺が重なる前後で形が変わることに注意

難易度：★★★★
目安時間：8分

チェック問題　□□□（　　　）

右図のような台形と正方形があり，台形が直線上を矢印の向きに毎秒1cmで動いていきます。

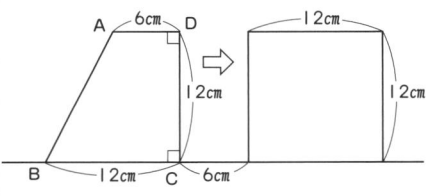

(1) 台形と正方形が重なった部分の形はどのように変わりますか。

(2) 台形が出発して26秒後の重なった部分の面積は何cm^2ですか。

解説

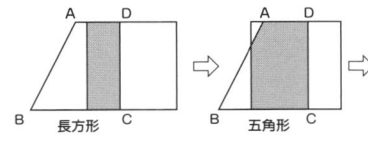

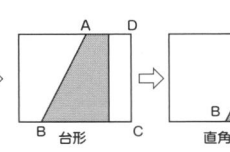

(1) 長方形 ⇒ 五角形 ⇒ 台形 ⇒ 直角三角形

(2) 点Bに注目すると，
$1 \times 26 - (12 + 6) = 8$ (cm)
より，重なりは右図の直角三角形PBQになる。
三角形の相似より，

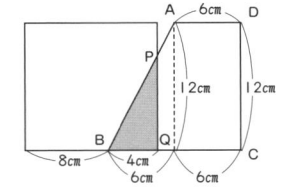

$$PQ = 12 \times \frac{4}{6} = 8 \text{ (cm)}$$

したがって，求める面積は，$4 \times 8 \div 2 = \underline{16 \ (cm^2)}$

塾テク 168 回転移動 - 半円回転 -

同じ図形を探して，たしひきで求める！

図形の式をかくと面積は求められる

チェック問題 □□□（　　　）

難易度：★★★
目安時間：4分

右図は，直径12cmの半円をAを中心にして45度回転させたものです。色のついた部分の面積は何cm^2ですか。ただし，円周率は3.14とします。

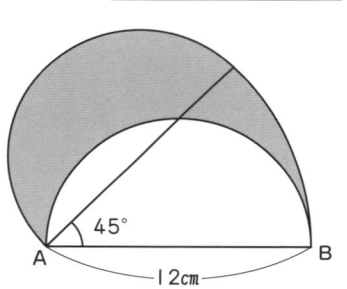

解説

色のついた部分 ＝ 半円 ＋ おうぎ形 － 半円

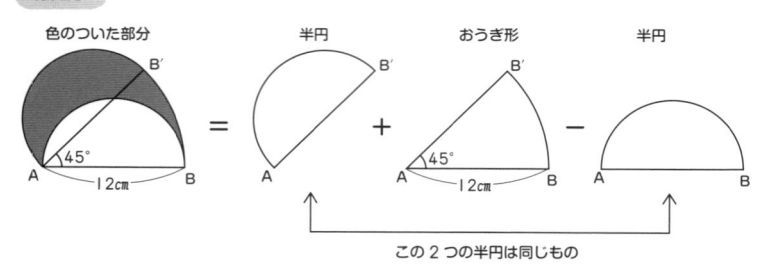

この2つの半円は同じもの

つまり，色のついた部分の面積は，おうぎ形ABB'の面積に等しいから，

$$12 \times 12 \times 3.14 \times \frac{45}{360} = 18 \times 3.14$$
$$= \underline{56.52\ (cm^2)}$$

塾テク 169 回転移動 - 直角三角形回転 -

同じ面積を探して,移動させて求める!

等積移動すると面積は求められる

チェック問題 □□□（　　　）

難易度：★★★
目安時間：5分

右図は,直角三角形ＡＢＣの頂点Ｃを中心として９０度回転させたものです。色のついた部分の面積は何cm^2ですか。ただし,円周率は3.14とします。

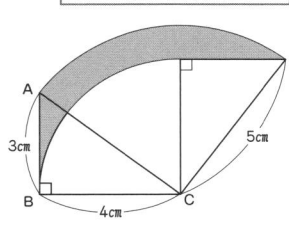

解説

下図のように㋐の部分を㋑に移すと（等積移動）,色のついた部分の面積は,２つのおうぎ形ＣＡＡ′とＣＰＱの面積の差に等しいことがわかる。

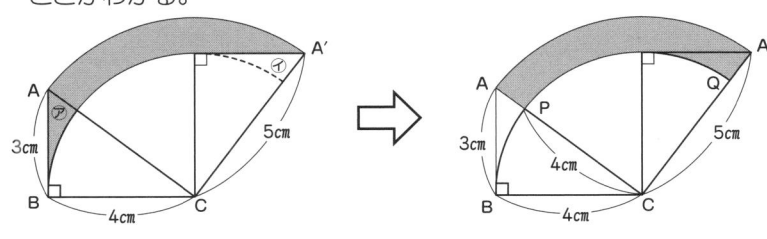

したがって,求める面積は,

$$5 \times 5 \times 3.14 \times \frac{1}{4} - 4 \times 4 \times 3.14 \times \frac{1}{4} = 2.25 \times 3.14$$
$$= \underline{7.065\ (cm^2)}$$

塾テク 170 長方形の転がり

回転させた弧の図をかいて求めよう！

中心を変えながら，回転移動をくり返す

チェック問題 □□□（　　　）

難易度：★★★
目安時間：5分

下図のように，長方形ＡＢＣＤが直線ℓ上を⑦の位置から④の位置まですべらないで転がります。このとき，点Ａが動いたあとの線の長さは何cmですか。ただし，ＡＢ＝12cm，ＢＣ＝9cm，ＡＣ＝15cmとし，円周率は3.14とします。

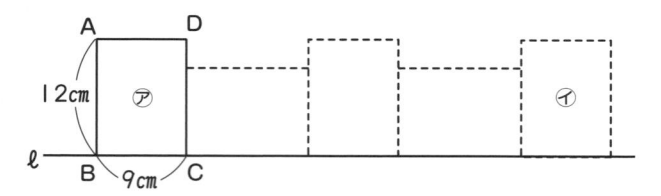

解説

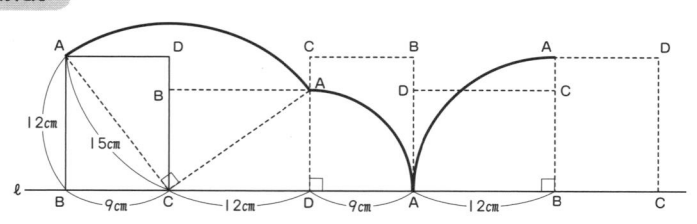

点Ａが動いたあとの線は，上図の太線のようになる。その長さは，

$$15 \times 2 \times 3.14 \times \frac{1}{4} + 9 \times 2 \times 3.14 \times \frac{1}{4} + 12 \times 2 \times 3.14 \times \frac{1}{4}$$

$$= \left(\frac{15}{2} + \frac{9}{2} + 6 \right) \times 3.14$$

$$= \underline{56.52 \,(cm)}$$

塾テク 171 正三角形の転がり

それぞれの回転角をまとめて求めよう！

半径がすべて等しい弧をえがくので，中心角をまとめて計算する

チェック問題 □□□（　　　）

難易度：★★★★
目安時間：6分

右図のように，1辺6cmの正方形があり，そのまわりを1辺6cmの正三角形ＡＢＣがすべることなく回転して，㋐の位置から㋑の位置まで移動します。点Ａが動いたあとにできる線の長さは何cmですか。ただし，円周率は3.14とします。

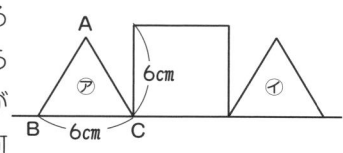

解説

点Ａが動いたあとにできる線は，右下図の太線のようになる。

角x＝角z＝90°－60°＝30°

角y＝360°－（90°＋60°）
　　＝210°

中心角をまとめると，

30°＋210°＋30°
＝270°

よって，求める長さは，

$6 \times 2 \times 3.14 \times \dfrac{270}{360}$

＝9×3.14

＝<u>28.26（cm）</u>

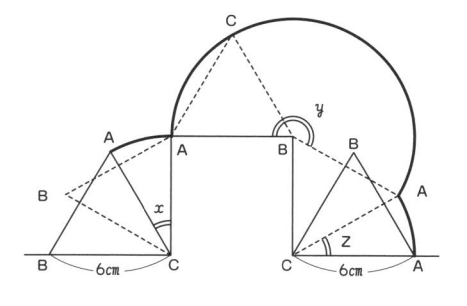

塾テク 172　円の転がり - 外側を1周 -

作図なしで求められる！

へこみのない図形の外側を円が転がりながら1周するとき,

㋐　円の中心が通ったあとの線の長さ
　＝図形のまわりの長さ＋円周

㋑　円が通ったあとの面積
　＝円の中心が通ったあとの線の長さ×円の直径

チェック問題　□□□（　　　）

難易度：★★★
目安時間：5分

右図のように, 半径2cmの円がおうぎ形のまわりを転がりながら1周します。円周率は3.14とします。

(1) 円の中心が通ったあとの線の長さは何cmですか。

(2) 円が通ったあとの図形の面積は何cm^{2}ですか。

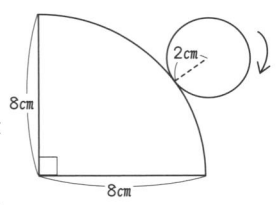

解説

(1) **塾テク172-㋐**より,

$$8 \times 2 + 8 \times 2 \times 3.14 \times \frac{1}{4} + 2 \times 2 \times 3.14 = \underline{41.12 \, (cm)}$$

　　おうぎ形のまわりの長さ　　　　　　　円周

(2) **塾テク172-㋑**より,

$$\underline{41.12} \times \underline{4} = \underline{164.48 \, (cm^2)}$$

　(1)の答え　円の直径

塾テク 173 円の転がり - 内側を1周 -

円が通らなかった面積を計算しよう!

- 円が通った部分の面積
  = 図形全体の面積 − 円が通らなかった部分の面積
- かどのすき間は通らないことに注意する

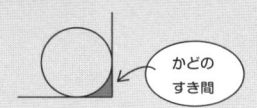

チェック問題 □□□(　　)

右図のように，1辺12cmの正方形の内側の辺に沿って，半径2cmの円が転がりながら1周します。円が通る部分の面積は何cm^2ですか。

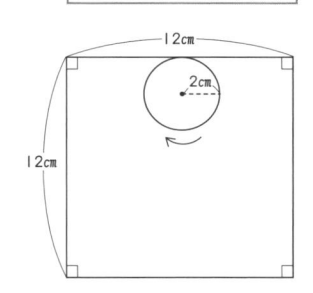

難易度：★★★★
目安時間：5分

解説

円が通らない部分は，右図の色のついた部分になり，その面積の和は，

$4 \times 4 \times 0.215 + 4 \times 4 = 19.44 (cm^2)$
　↑
かどのすき間4つ分
(**塾テク137** チェック問題(2) 参照)

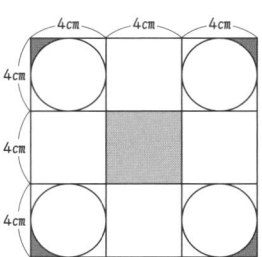

したがって，求める面積は，
$12 \times 12 - 19.44 = \underline{124.56} (cm^2)$

塾テク 174 おうぎ形の転がり

「図」と「式」をパターン化しよう！

中心が動く長さ

$$= 半径 \times 2 \times 3.14 \times \frac{90 + 中心角 + 90}{360}$$

チェック問題 □□□（　　　）

難易度：★★★★★
目安時間：5分

右図のように，直線ℓ上を，半径9cm，中心角60°のおうぎ形ＡＢＣが㋐の位置から，㋑の位置まで，すべらないように転がりました。このとき，おうぎ形ＡＢＣの中心Ａが動いたあとの線の長さは何cmですか。ただし，円周率は3.14とします。

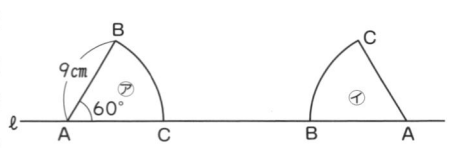

解説

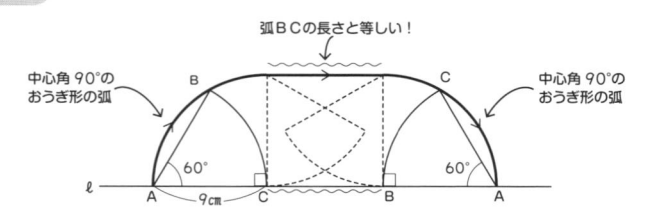

塾テク174 より，求める長さは，

$$9 \times 2 \times 3.14 \times \frac{90+60+90}{360} = 12 \times 3.14$$

$$= \underline{37.68\,(cm)}$$

塾テク 175 円の回転数

1をたしたり，1をひいたりしよう！

⑦ 小円が大円の外側を転がって1周するとき，
小円の回転数＝大円の半径÷小円の半径＋1

④ 小円が大円の内側を転がって1周するとき，
小円の回転数＝大円の半径÷小円の半径−1

チェック問題 □□□（　　　）

難易度：★★★
目安時間：3分

半径14cmの円Aの周に沿って，半径4cmの円Bがすべることなく転がって1周します。これについて，次の問いに答えなさい。

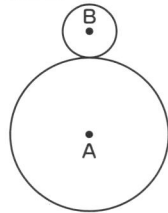

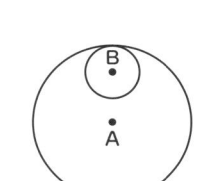

（図1）　（図2）

(1) 図1のように円Bが円Aの外側にある。
円Bが円Aを1周するとき，円Bは自分の中心のまわりに何回転しますか。

(2) 図2のように円Bが円Aの内側にある。円Bが円Aを1周するとき，円Bは自分の中心のまわりに何回転しますか。

解説

(1) **塾テク175-⑦**より，
14÷4＋1＝4.5（回転）

(2) **塾テク175-④**より，
14÷4−1＝2.5（回転）

塾テク 176 紙を折ったあと広げる

逆の順に図をかこう!

切り取った部分が，折り目について線対称になるようにかき入れながら広げていく

チェック問題 □□□（　　　）

難易度：★★★
目安時間：4分

1辺20cmの正方形の紙があります。下図のように3回折って，色のついた部分を切り落としました。このとき，残った部分を広げると，どんな形になりますか。

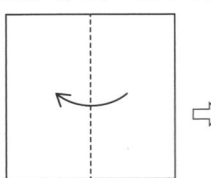

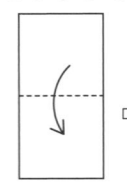

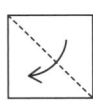

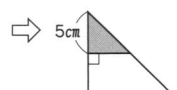

解説

次の図のように，最後の状態から逆にたどって広げていく。このとき，1回広げるごとに，折り目について線対称な図形になるように，切り取った部分に色をつけていく。答えは，左はしの図になる。

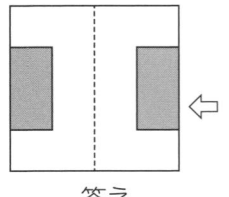

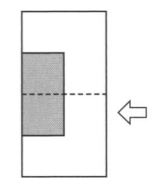

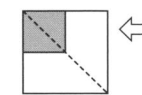

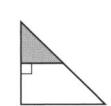

答え

8章
立体図形の問題

塾テク 177 円柱

柱体の体積・表面積の公式を覚えよう！

・体積＝底面積×高さ
・表面積＝底面積×２＋側面積
　　　　　　　　　　　↑
　　　　　　　底面のまわり×高さ

チェック問題 □□□（　　　）

難易度：★★★
目安時間：6分

右図は，円柱を半分に切った立体です。
これについて，次の問いに答えなさい。
ただし，円周率は3.14とします。
（１）この立体の体積は何cm^3ですか。
（２）この立体の表面積は何cm^2ですか。

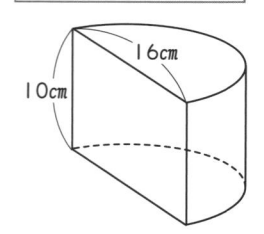

解説

（１）底面積は，$8 \times 8 \times 3.14 \times \dfrac{1}{2} = 100.48$（$cm^2$）

　　　よって，求める体積は，$100.48 \times 10 = \underline{1004.8}$（$cm^3$）

（２）底面のまわりの長さは，

　　　$8 \times 2 \times 3.14 \times \dfrac{1}{2} + 16 = 41.12$（$cm$）

　　　になるから，側面積は，$41.12 \times 10 = 411.2$（cm^2）
　　　したがって，求める表面積は，
　　　$100.48 \times 2 + 411.2 = \underline{612.16}$（$cm^2$）

塾テク 178　すい体の体積

すい体の体積の公式を覚えよう！

体積＝底面積×高さ×$\dfrac{1}{3}$

チェック問題　□□□（　　　）

難易度：★★★
目安時間：5分

(1) 右図のような底面の半径が5cmで，高さが9cmの円すいの体積は何 cm^3 ですか。ただし，円周率は3.14とします。

(2) 右図のように三角柱ＡＢＣ－ＤＥＦを，3点Ａ，Ｅ，Ｆを通る平面で2つに分けたところ，Ｃを含む方の立体の体積が192 cm^3 になりました。ＣＦの長さは何 cm ですか。

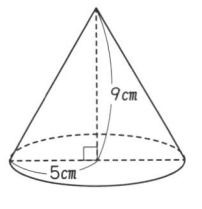

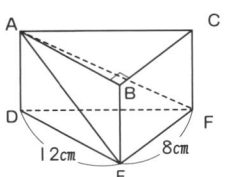

解説

(1) $5×5×3.14×9×\dfrac{1}{3}=75×3.14=\underline{235.5\ (cm^3)}$

(2) Ｃを含む立体は，長方形ＢＥＦＣを底面，ＡＢを高さとする四角すいＡ－ＢＥＦＣになる。この体積が192 cm^3 だから，ＣＦ＝□cmとすると

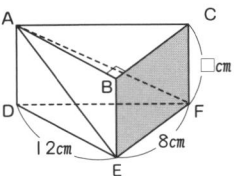

$□×8×12×\dfrac{1}{3}=192$

$□×32=192$　　$□=\underline{6\ (cm)}$

塾テク 179　円すいの側面

円すいの側面に関する公式を覚えよう！

（見取図）　　　　　　　（展開図）

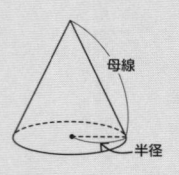

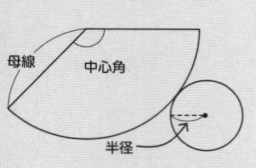

㋐　側面の中心角 $= 360° \times \dfrac{半径}{母線}$

㋑　側面積 $=$ 母線 $\times$ 半径 $\times$ 円周率

チェック問題　□□□（　　　）

難易度：★★★
目安時間：4分

（1）図1は円すいの展開図です。角 x の大きさは何度ですか。

（2）図2のような円すいの表面積は何 cm^2 ですか。
　　　ただし，円周率は3.14とします。

（図1）　　　　　　　　　　（図2）

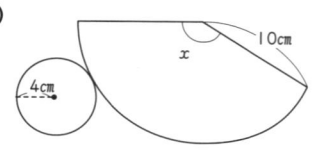

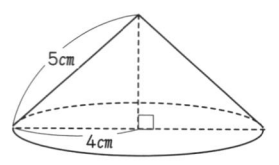

解説

（1）**塾テク179-㋐**より，$360 \times \dfrac{4}{10} = \underline{144}$（度）

（2）底面積は，$4 \times 4 \times 3.14 = 16 \times 3.14 \ (cm^2)$
　　　側面積は，**塾テク179-㋑**より，
　　　$5 \times 4 \times 3.14 = 20 \times 3.14 \ (cm^2)$
　　　したがって，表面積は，
　　　$(16 + 20) \times 3.14 = \underline{113.04} \ (cm^2)$

塾テク 180 ななめ切断

円柱や直方体のななめ切断はもとにもどそう！

2つくっつければ円柱や直方体になる

チェック問題 □□□（　　　）

難易度：★★
目安時間：5分

次の（1），（2）の立体はそれぞれ，円柱，直方体をななめに切断した立体です。それぞれの体積を求めなさい。ただし，円周率は3.14とします。

（1）

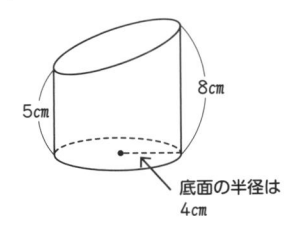

（2）

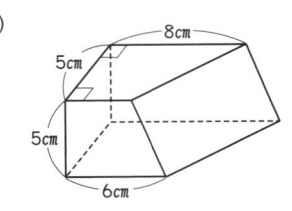

解説

（1）右図のように，同じ立体を2つ組み合わせると，高さが（8+5=）13cmの円柱になる。よって，求める体積は，この円柱の体積の半分だから，

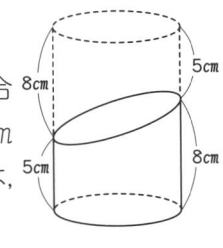

$$4 \times 4 \times 3.14 \times 13 \times \frac{1}{2} = 104 \times 3.14 = \underline{326.56} \ (cm^3)$$

（2）求める体積は，縦，横，高さが，それぞれ5cm，（6+8=）14cm，5cmの直方体の体積の半分だから，

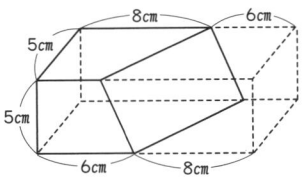

$$5 \times 14 \times 5 \times \frac{1}{2} = \underline{175} \ (cm^3)$$

塾テク 181 複合図形の体積

まわりから除くか，分割しよう！

⑦ もとの直方体からいらない部分をひく
④ いくつかの直方体に分けて考える

チェック問題 □□□（ 　 ）

難易度：★★★
目安時間：6分

次の（1），（2）の図は，いくつかの直方体を組み合わせた立体です。それぞれについて，体積を求めなさい。

（1）

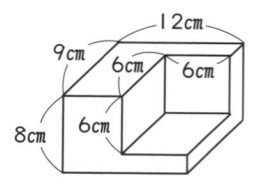

（2）

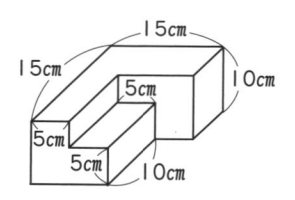

解説

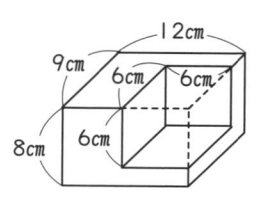

（1）**塾テク181**-⑦より，

$9 \times 12 \times 8 - 6 \times 6 \times 6 = 648 \ (cm^3)$

　↑　　　　　↑
もとの直方体　切り取った立方体

（2）**塾テク181**-④より，

$10 \times 5 \times 10 + 10 \times 5 \times 5 + 5 \times 15 \times 10$
　　ⓐ　　　　　　ⓑ　　　　　　ⓒ
$= 1500 \ (cm^3)$

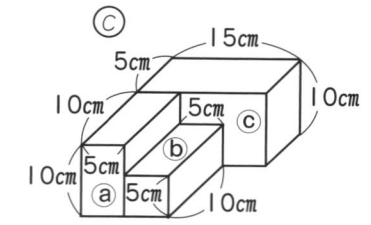

204

塾テク 182 複合図形の表面積

見えない面も忘れずに！

前後左右上下の6方向から見える面積を考える
　（ただし，見えない面にも注意！）

チェック問題　□□□（　　　）

難易度：★★★★
目安時間：5分

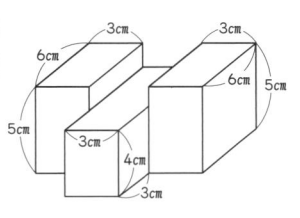

右図は，3つの直方体を組み合わせた立体です。この立体の表面積は何cm^2ですか。

解説

前から見える面積は，　$5×3×2+4×3=42$ (cm^2)
右から見える面積は，　$4×3+5×6=42$ (cm^2)
上から見える面積は，　$6×3×2+9×3=63$ (cm^2)

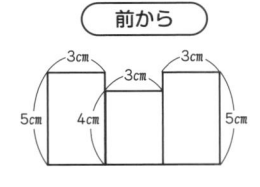

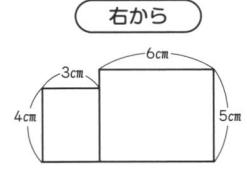

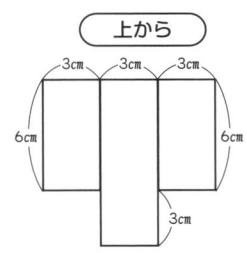

以上から，前後左右上下の6方向から見える面積の和は，
$(42+42+63)×2=294$ (cm^2)
さらに，前後左右上下の6方向から見えない部分の面積は，$1×6×2=12$ (cm^2)だから，
求める表面積は，$294+12=\underline{306\ (cm^2)}$

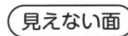

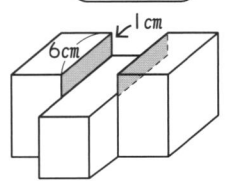

塾テク 183 展開図 -立方体-

立方体を切り開いてみよう！

見取図で最も遠い点は，展開図で2枚の正方形からできる長方形の対角線のはしにある

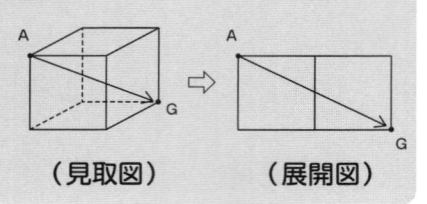

（見取図）　（展開図）

チェック問題 □□□（　　　）

難易度：★★★
目安時間：4分

下図のように，立方体の3つの頂点A，C，Hを線で結ぶとき，この線を展開図に記入しなさい。

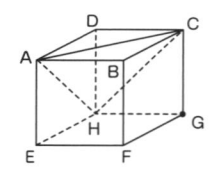

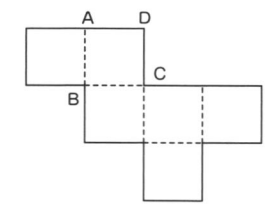

解説

下のように，①〜③の手順で考える。**塾テク183**にしたがって，展開図に頂点の記号をかく。

① AとBを中心に考える

② CとDを中心に考える

③ A，C，Hを結ぶと答えになる

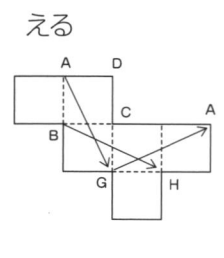

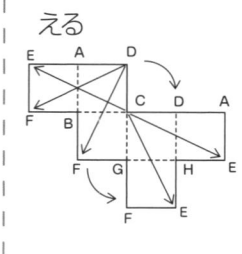

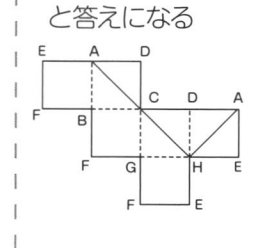

塾テク 184 展開図 - 柱体 -

柱体を組み立てよう！

展開図→見取図
　合同な図形を見つけて，それらが平行な上下の底面となる柱体の見取図をかく

チェック問題 □□□（　　　）

難易度：★★★★
目安時間：8分

右図は，ある四角柱の展開図です。
（1）この四角柱の体積は何 cm^3 ですか。
（2）この四角柱の表面積は何 cm^2 ですか。

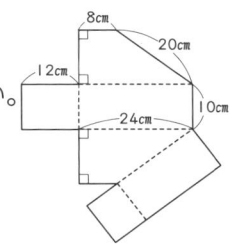

解説

合同な2つの台形
⑦と④が底面となる。

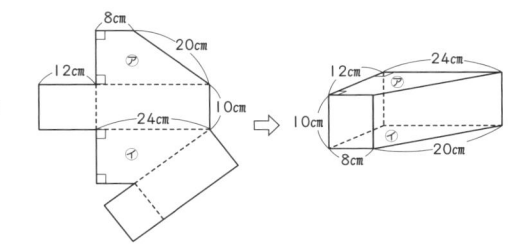

（1）底面積は，
　　　　$(8+24) × 12 ÷ 2 = 192 \ (cm^2)$
　　　　$192 × 10 = \underline{1920 \ (cm^3)}$

（2）側面積は，$(8+20+24+12) × 10 = 640 \ (cm^2)$
　　　　　　　　　↑底面のまわり　↑高さ

　　求める表面積は，$192 × 2 + 640 = \underline{1024 \ (cm^2)}$

塾テク 185 展開図 - 三角すい -

展開図が，正方形になる！

左下の三角すいの展開図は，右下のような正方形になる

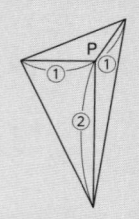

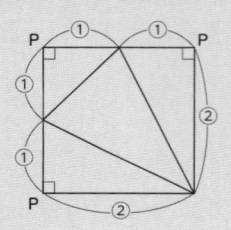

（点Pに集まる角はどれも直角）

チェック問題 □□□（　　　）

難易度：★★★
目安時間：4分

右図のように，1辺が8cmの立方体を3点A，B，Cを通る平面で切りました。AとCはともに辺の真ん中の点です。切り口の三角形ABCの面積は何cm^2ですか。

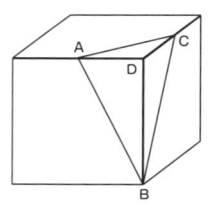

解説

塾テク185より，三角すいD－ABCの展開図は右図のような正方形になる。

⑦の三角形の面積は，
$4 \times 4 \div 2 = 8 \ (cm^2)$

⑦の三角形の面積は，
$8 \times 4 \div 2 = 16 \ (cm^2)$

したがって，三角形ABCの面積は，
　$8 \times 8 - 8 - 16 \times 2 = \underline{24 \ (cm^2)}$

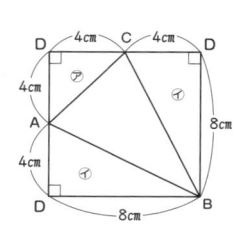

塾テク 186 展開図 -糸-

立体に巻きつけた糸は，展開図では直線になる！

展開図上で直線になる

チェック問題 □□□（　　）

難易度：★★★★
目安時間：5分

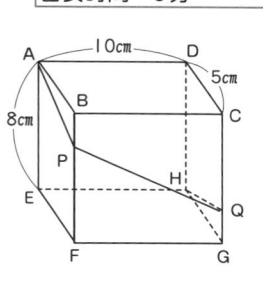

右図のような直方体があります。糸をぴんと張るようにして点Aから点Hまで，辺BFと辺CGの上を必ず通るように巻きつけたとき，糸と辺BF，CGが交わる点をそれぞれP，Qとします。このとき，PFとQGの長さをそれぞれ求めなさい。

解説

展開図のうち，必要な部分をかくと，下のように糸は直線になる。

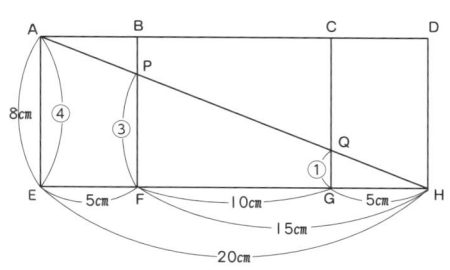

ピラミッド型相似を利用して（**塾テク154**参照），

AE：PF＝20：15＝4：3　より，PF＝$8 \times \dfrac{3}{4}$＝<u>6 (cm)</u>

PF：QG＝15：5＝3：1 より，QG＝$6 \times \dfrac{1}{3}$＝<u>2 (cm)</u>

塾テク 187 立方体のくりぬき

キューブを分けて考えよう！

各段ごとに分割し，それぞれ真上から見た図をかいて考える

チェック問題　□□□（　　　）

難易度：★★★★
目安時間：4分

右図のように，64個の同じ大きさの立方体を積み重ねた立体から，■の部分を反対側までくりぬきました。残った立方体は何個ですか。

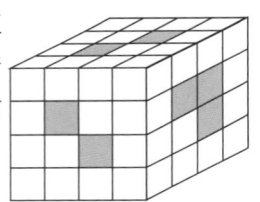

解説

上下にくりぬかれた立方体に○，前後，左右にくりぬかれた立方体には矢印をつけると，下図のようになる。

（上から1段目と上から4段目）

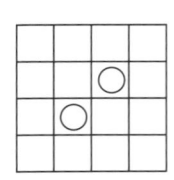

残った立方体は
$(4×4−2=)$ 14個

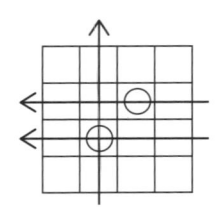

（上から2段目）

残った立方体は
6個

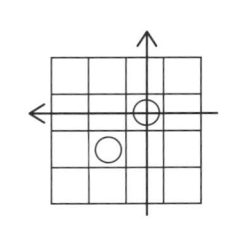

（上から3段目）

残った立方体は
8個

残った立方体は全部で，$14×2+6+8=\underline{42（個）}$

210

塾テク 188 投影図（とうえいず）

積み木の個数を数えよう！

真上から見た図に個数をかきこんで数える

チェック問題 □□□（　　　）

難易度：★★★★
目安時間：4分

同じ大きさの立方体を積んで立体を作りました。真上，左横，正面から見た図は下のようになりました。積んだ立方体の個数は何個ですか。

（真上から見た図）　（左横から見た図）　（正面から見た図）

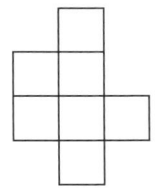

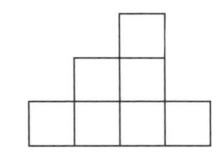

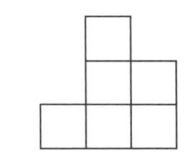

解説

真上から見た図に，左横から見える個数と正面から見える個数の両方の条件に合うようにかきこんでいくと，右図のようになる。よって，求める個数は，

$1 \times 4 + 2 \times 2 + 3 = \underline{11}$（個）

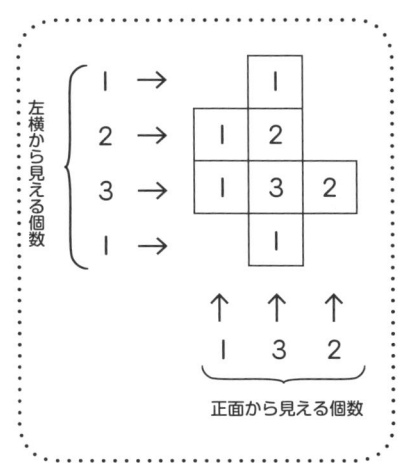

左横から見える個数
- 1 →
- 2 →
- 3 →
- 1 →

	1	
1	2	
1	3	2
	1	

↑　↑　↑
1　3　2

正面から見える個数

塾テク 189 立体の色ぬり

各段で分割して，色をぬっていこう！

各段ごとに分割し，それぞれ真上から見た図に，ぬられた面の数をかきこんでいく

難易度：★★★
目安時間：6分

チェック問題 □□□（　　　）

同じ大きさの立方体23個を，右図のように積み上げ，床についている部分を除いた表面をすべて緑色のペンキでぬりました。次の（1）～（3）の立方体はそれぞれいくつありますか。
（1）3つの面が緑色でぬられている立方体
（2）2つの面が緑色でぬられている立方体
（3）1つの面が緑色でぬられている立方体

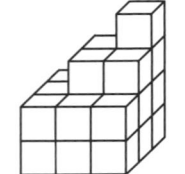

解説

塾テク189より，上から段ごとに分けて調べていくと，右下図のようになる。

図に記入した数字は，それぞれペンキでぬられた面の数を表す。

1段目

5

2段目

3	2
3	3

3段目

3	1	2
2	0	1
3	2	3

4段目

2	1	2
1	0	1
2	1	2

（1）0+3+3+0＝<u>6（個）</u>
（2）0+1+3+4＝<u>8（個）</u>
（3）0+0+2+4＝<u>6（個）</u>

塾テク 190 相似な立体 - 相似比と体積比 -

相似比を3回かけたら，体積比になる！

相似比が$a:b$の立体の体積比は
　$(a×a×a):(b×b×b)$

チェック問題　□□□（　　　　）

難易度：★★★★
目安時間：3分

右図のように，母線ＡＢを4等分する点をそれぞれ通り，底面に平行な面で円すいを切り取って，4つの立体㋐，㋑，㋒，㋓に分けます。4つの立体㋐，㋑，㋒，㋓の体積の比を求めなさい。

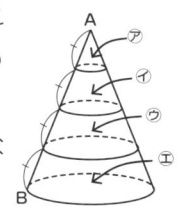

解説

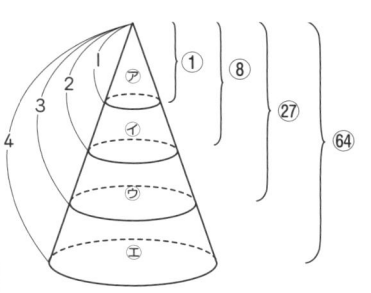

4つの円すい㋐，㋐+㋑，
㋐+㋑+㋒，㋐+㋑+㋒+㋓の
相似比は，1：2：3：4
だから，体積比は，**塾テク190**
より，
$(1×1×1):(2×2×2):(3×3×3):(4×4×4)$
$=1:8:27:64$
したがって，4つの立体㋐，㋑，㋒，㋓の体積の比は，
　$1:(8-1):(27-8):(64-27)$
　$=\underline{1:7:19:37}$

塾テク 191 相似な立体 - 円すい台 -

「円すい」にもどそう！

円すいにもどして，切り取った円すいの体積の何倍になるかを考える。

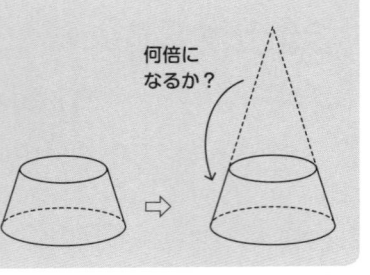

チェック問題 □□□（　　　）

難易度：★★★★
目安時間：5分

右図のような円すい台の体積は何 cm^3 ですか。ただし，円周率は3.14とします。

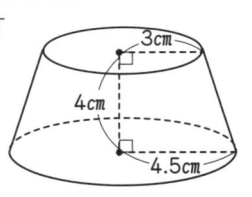

解説

もとの円すいと切り取った円すいの相似比は，AD：BC＝3：4.5＝2：3 より，体積比は

（2×2×2）：（3×3×3）＝8：27

OA：OB＝2：3 より，

$OA = 4 \times \dfrac{2}{3-2} = 8$ (cm)

したがって，求める円すい台の体積は，

$3 \times 3 \times 3.14 \times 8 \times \dfrac{1}{3} \times \dfrac{27-8}{8} = 57 \times 3.14$

切り取った円すいの体積　　　　＝ $\underline{178.98}$ (cm^3)

塾テク 192 回転体

図をかいて,形を見ぬこう!

基本の形は「円柱」と「円すい」になる

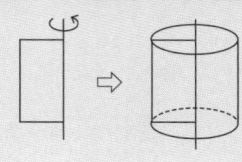

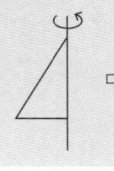

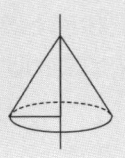

チェック問題 □□□(　　)

難易度:★★★★
目安時間:8分

右図のような三角形ABCを,直線ℓを軸にして1回転してできる立体について,次の問いに答えなさい。ただし,円周率は3.14とします。

(1) この立体の体積は何cm^3ですか。
(2) この立体の表面積は何cm^2ですか。

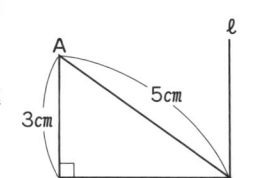

解説

右図のように,見取り図をかくと,円柱から円すいをくりぬいた立体になる。

(1) $4 \times 4 \times 3.14 \times 3 - 4 \times 4 \times 3.14 \times 3 \times \dfrac{1}{3}$

　　$= 32 \times 3.14 = \underline{100.48}$ (cm^3)

(2) 　　底面積　　　円柱の側面積　　　円すいの側面積
　　　　↓　　　　　　↓　　　　　　　　↓
　$4 \times 4 \times 3.14 + 4 \times 2 \times 3.14 \times 3 + 5 \times 4 \times 3.14$
　$= 60 \times 3.14 = \underline{188.4\ (cm^2)}$

塾テク 193 立方体の切り口 -基本-

平行線をかこう！

作図のポイント
- ㋐ 同じ平面上にある2点は結べる
- ㋑ 平行な面の切り口の線どうしは平行になる

チェック問題 □□□（　　　）

難易度：★★★★
目安時間：3分

右図の立方体を，3点A，H，Iを通る平面で切断したときの切り口の形を答えなさい。ただし，IはBFの真ん中の点です。

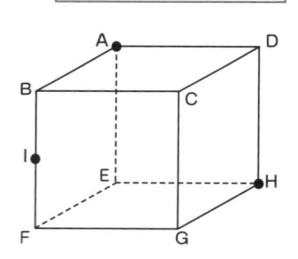

解説

①**塾テク193-㋐**
より，
AとI，AとH
を結ぶ

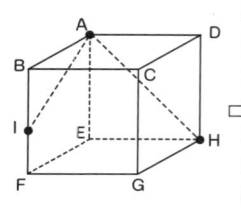

②**塾テク193-㋑**
より，
IからAHと平行な線をひく

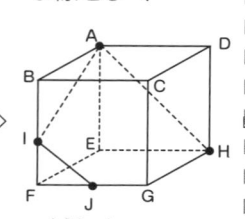

③**塾テク193-㋐**
より，
JとH
を結ぶ

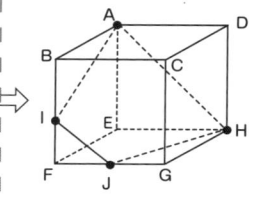

よって，切り口の形は，（等脚）台形

塾テク 194 立方体の切り口 - 延長線 -

延長線をかこう！

平行な線をひくことができないとき
→切り口の辺と立体の辺を延長し，新たな平面上に交点をとる

チェック問題 □□□（　　　）

難易度：★★★★★
目安時間：4分

右図の立方体を，3点A，I，Jを通る平面で切断したときの切り口の形を答えなさい。ただし，I，JはそれぞれFG，GHの真ん中の点です。

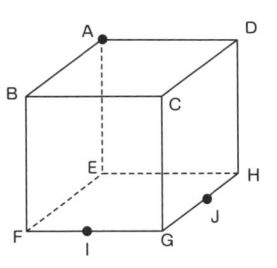

解説

まず，IとJを結ぶが，このあと平行な線をひくことができないので，延長線を使う。

①IJの延長線とEF，EHのそれぞれの延長線との交点P，Qをとる

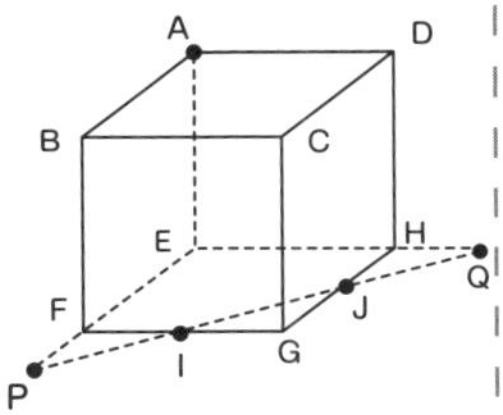

②AとP，AとQをそれぞれ結ぶ

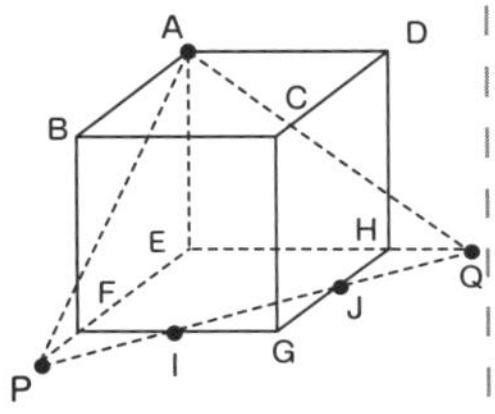

③立方体の表面上に切り口をかく

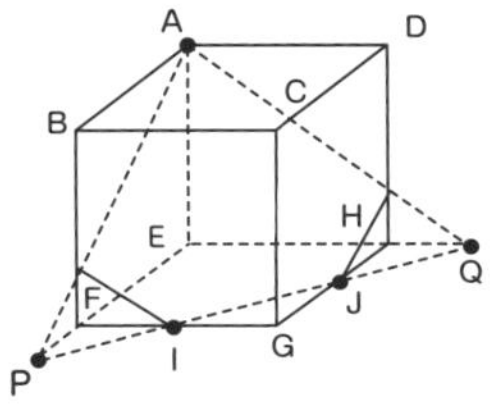

よって，切り口の形は，<u>五角形</u>

塾テク 195 単位の換算-体積-

「体積・容積の単位」を覚えよう！

1辺の長さが1cm，10cm，1mの立方体の体積・容積を単位とする

1辺の長さ	1cm	10cm	1m
体積	1cm³	1000cm³	1m³ (1000000cm³)
容積	1mL (1cc)	1L (1000mL)	1kL (1000L)

1L = 10dL

チェック問題 □□□（　　　）

難易度：★★★
目安時間：4分

次の □ にあてはまる数を求めなさい。

(1) 0.025m³は □ cm³です。
(2) 6kLは □ dLです。
(3) 1.8dLは □ ccです。

解説

(1) 1m³ = 1000000cm³ だから，
　　　　↳ 100cm×100cm×100cm
　　0.025×1000000 = 25000

(2) 1kL=1000L, 1L=10dLだから，
　　6×1000×10 = 60000

(3) 1dL=100cm³=100ccだから，
　　1.8×100 = 180

塾テク 196 　容器のかたむけ

正面から見よう！

正面から見た図をかく
　右図で，
　$a+a=b+c$

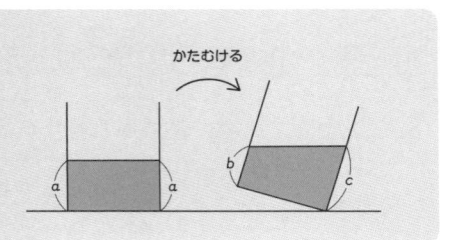

チェック問題

難易度：★★
目安時間：2分

次の図1のように，縦9cm，横20cm，高さ16cmの直方体の容器いっぱいに水を入れました。図2のように容器をかたむけて水をこぼし，図3のようにもどしました。xの値を求めなさい。

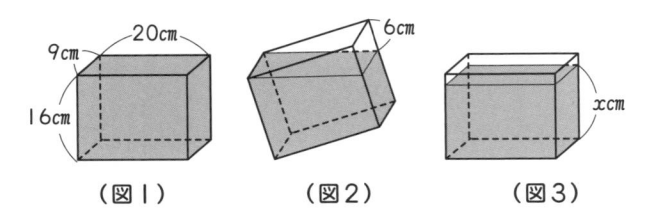

（図1）　　　（図2）　　　（図3）

解説

図2と図3を正面から見た図は，下のようになる。

塾テク196より，　$x+x=16+10=26$

したがって，　$x=26 \div 2 = \underline{13 \text{ (cm)}}$

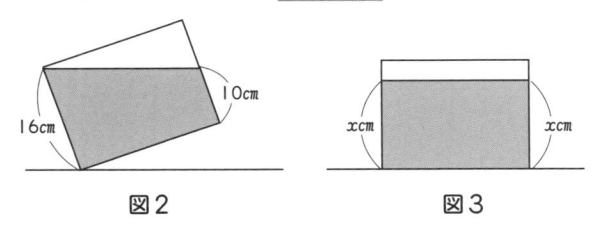

図2　　　図3

塾テク 197 水そうにおもりを入れる

正面で切り取って考えよう！

見かけ上増えた水の体積＝水面下のおもりの体積

チェック問題 □□□（　　　）

難易度：★★★
目安時間：4分

右図のように，縦30cm，横40cm，深さ25cmの水そうに，深さ15cmまで水が入っています。この水そうに縦12cm，横10cm，高さ30cmの棒を底面が水平になるようにしずめていきます。この棒を水の中に10cmしずめると水の深さは何cmになりますか。

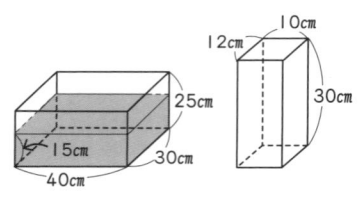

解説

水そうの底面積は，　$30 \times 40 = 1200 \ (cm^2)$

棒の底面積は，　$12 \times 10 = 120 \ (cm^2)$

棒を水の中に10cmしずめたときの様子を
正面から見た図は右のようになる。
このとき，

色のついた部分の体積＝太わく部分の体積
　　　↑　　　　　　　　　↑
見かけ上増えた水の体積　水面下の棒の体積

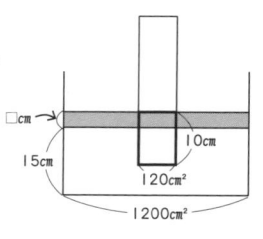

よって，　$1200 \times □ = 120 \times 10$ 　より，　□ $= 1 \ cm$

したがって，求める深さは，　$15 + 1 = \underline{16 \ (cm)}$

塾テク 198 水そうに棒を立てる

底面積の変化に注意！

容器の底面積は，立てた棒の底面積の分だけ減る

チェック問題 □□□（　　　）

難易度：★★★
目安時間：4分

右の図1のように，底面が縦27cm，横18cmの長方形で，高さが30cmの直方体の水そうに，深さ15cmまで水が入っています。この水そうに，図2のような底面が1辺9cmの正方形で，高さが35cmの四角柱の棒2本を垂直に立てると，水の深さは何cmになりますか。

（図1）　（図2）

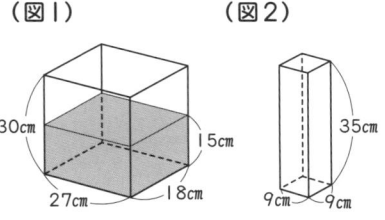

解説

水そうの底面積は，　27×18＝486（cm^2）　より，
水の体積は，　486×15＝7290（cm^3）
四角柱の棒の底面積は，
9×9＝81（cm^2）
より，棒を2本立てたときの水が入っている部分の底面積は，
486－81×2＝324（cm^2）
したがって，求める水の深さは，
7290÷324＝22.5（cm）

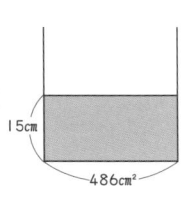

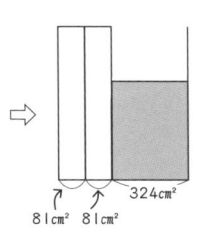

塾テク 199 水の量のグラフ-底面積-

段差がある部分で，区切って計算しよう！

底面積が変わる部分で区切って考える

チェック問題 □□□（　　　）

難易度：★★★
目安時間：5分

図1のように底面からの高さが35cmの水そうに，水を一定の割合で入れます。
図2のグラフは，時間と水面の高さの関係を表したものです。
図1のxの長さを求めなさい。

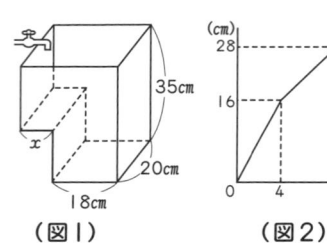

（図1）　（図2）

解説

グラフより，4分後の水面の高さが16cmだから，1分間に入れる水の体積は，

$18 \times 20 \times 16 \div 4 = 1440$ (cm^3)

また，(9−4＝) 5分間で，
水面の高さは
(28−16＝) 12cm上がったので，右図のABの長さは，

$1440 \times 5 \div (\underline{12} \times \underline{20}) = 30$ (cm)
　　　　　高さ↑　　↑奥行き

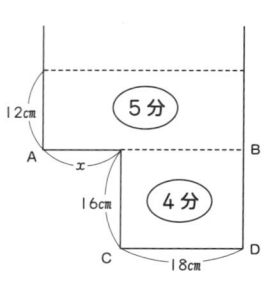

したがって，xの長さは
$30 - 18 = \underline{12\,(cm)}$

塾テク 200 水の量のグラフ -しきり板-

時間と体積の比は，同じになる！

一定の割合で水を入れるとき，
: 入れた時間の比＝体積の比 :

チェック問題 □□□（　　　）

図1のように，仕切り板でA, B 2つの部分に分けられた直方体の水そうがあります。この水そうに一定の割合で水を入れたとき，水を入れ始めてからの時間とAの部分の水の深さの関係は，図2のグラフのようになりました。仕切り板の厚さは考えないものとし，x, y にあてはまる数を求めなさい。

難易度：★★★★
目安時間：5分

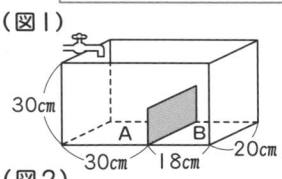

(図1)

(図2)

解説

右図で，㋐→㋑→㋒の順に水が入る。
AとBの部分に入る水の体積の比は，底面積の比と等しいので，

$$30 : 18 = 5 : 3$$

よって，㋑の部分に水が入った時間は，

$$10 \times \frac{3}{5} = 6 \text{(分)} \rightarrow x = 10 + 6 = \underline{16}$$

㋒の部分に水が入った時間は，

$$16 \times \frac{18}{12} = 24 \text{(分)} \rightarrow y = 16 + 24 = \underline{40}$$

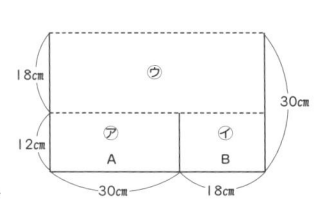

質問券

本を読んでわからないところがあったら質問してみよう！

必ず、こちらのページを切り取って、切手を貼って郵送でお送りください。
※ 書籍1冊につき1回のみ受け付けております。

ご質問

ご質問の際は必ずご記入ください

（郵送での返信をご希望の場合、住所をご記入ください）

お名前

学年

ご返信
FAX番号

ご住所　〒

お送り先：〒112-0005　東京都文京区水道2-11-5
明日香出版社　『小学6年分の算数が一瞬でわかる塾テク200』質問係宛

■著者略歴
粟根 秀史（あわね ひでし）

教育研究グループ エデュケーションフロンティア代表。
30年以上にわたり、進学塾や私立小学校で算数を指導。特に、進学教室サピックス小学部では校舎責任者を務める他、開成中、桜蔭中受験に特化した最上位クラスを担当する。
2006年、私立さとえ学園小学校の初代教頭に就任。当時、新設の小学校ながらも、直接指導に当たった第1期生を、開成中、麻布中、桜蔭中などの難関校合格に導く。
現在は、研究・執筆活動のかたわら、進学塾で教師研修、教材開発、教育講演の他、全国最難関校受験クラスの特別授業に出講。
ステップアップ方式の教材とアクティブラーニング形式の授業スタイルによる独自の指導法を開発し、「算数オリンピック金メダリスト」をはじめとする「算数オリンピックファイナリスト」や、灘中、開成中、桜蔭中合格者など、数多くの「算数大好き少年・少女」を育てている。森上教育研究所「親のスキル研究会」の講師も務める。

【主な著書】
『思考力で勝つ算数』
『速ワザ算数』シリーズ
『らくらく算数』シリーズ（すべて文英堂）
『応用自在 算数』（学研・共著）など多数。

本書の内容に関するお問い合わせは弊社HPからお願いいたします。

小学6年分の算数が一瞬でわかる塾テク200

| 2016年 7月21日 初版発行 | 著者　粟根　秀史 |
| 2020年 7月 3日 第9刷発行 | 発行者　石野　栄一 |

明日香出版社

〒112-0005 東京都文京区水道2-11-5
電話 (03) 5395-7650 (代表)
(03) 5395-7654 (FAX)
郵便振替 00150-6-183481
https://www.asuka-g.co.jp

■スタッフ■　BP事業部　久松圭祐／藤田知子／藤本さやか／田中裕也／朝倉優梨奈／竹中初音
　　　　　　BS事業部　渡辺久夫／奥本達哉／横尾一樹／関山美保子

印刷　株式会社フクイン
製本　根本製本株式会社
ISBN 978-4-7569-1848-2 C2041

本書のコピー、スキャン、デジタル化等の無断複製は著作権法上で禁じられています。
乱丁本・落丁本はお取り替え致します。
©Hideshi Awane 2016 Printed in Japan

小学校 6 年分の算数が 3 日で
いとも簡単にマスターできる本

立田　奨

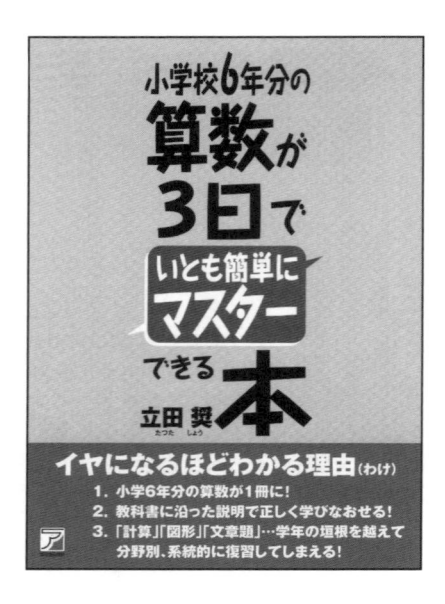

算数が苦手な小学 5・6 年生、数学が苦手な中学生、宿題の教え方に困ってる保護者から、学び直しを考えている社会人まで、小学校 6 年分の算数がこの 1 冊で復習できます。

本体価格 1200 円＋税　A5 並製　216 ページ
ISBN978-4-7569-1724-9　2014/08 発行

小学6年分の算数が面白いほど解ける65のルール

間地　秀三

小学校で習う算数の大事なポイントを65のルールでおさえていきます。わかりやすいイラストと、解き方を示すルールで、算数が苦手なお子さんはもちろん大人のやり直しとしても最適な1冊です！

本体価格1100円＋税　B6並製　232ページ
ISBN978-4-7569-1446-0　2011/03発行

中学入試の算数が面白いほど解ける 28 のルール

間地　秀三

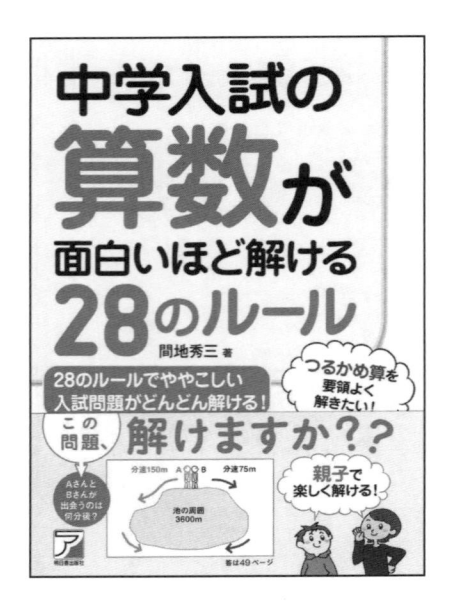

中学入試に出る、ややこしい算数が解けるようになります。つるかめ算、虫食い算、旅人算……。これらの特殊算の解き方を 28 のルールで解説します。ルールを覚えることで、問題の解き方が身につきます。

本体価格 1300 円＋税　B6 並製　192 ページ
ISBN978-4-7569-1684-6　2014/03 発行

中学3年分の数学が1週間で
いとも簡単に解けるようになる本

立田　奨

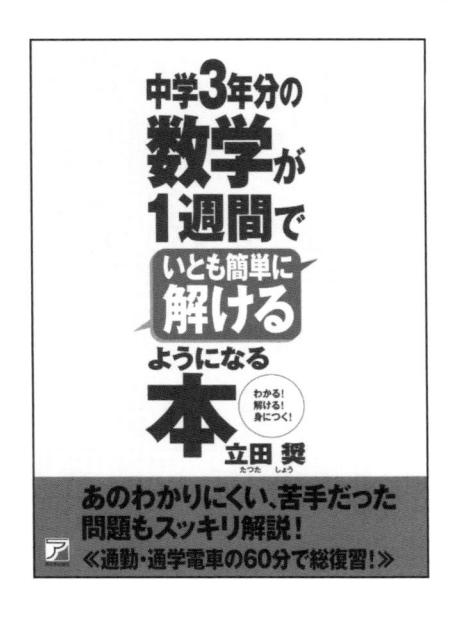

数学に対する苦手意識を持つ人が多いのは「説明のわかりにくさ」。苦手克服のメカニズムを熟知したタツタ・マジックで「楽しい数学」を実感できます。頭の体操、大人のやり直しにぴったりの「わかる解説」で〈いとも簡単〉に1週間で総復習できます。

本体価格1200円＋税　A5並製　240ページ
ISBN978-4-7569-1631-0　2013/07 発行

たったの 10 問でみるみる解ける中学数学

西口　正

10 問集中ユニットを集中してくり返し練習することで、ひとつひとつのテーマを徹底的に身に付け、理解力を高められます。応用問題などに対応するための数学の底力がつきます。

本体価格 1100 円＋税　B5 並製　112 ページ
ISBN978-4-7569-1561-0　2012/08 発行